生/态/高/效/养/殖/技/术/丛/书

生态高效

养鸭 实用技术

SHIYONG JISHU

刘建钗　张鹤平　主编

陈敬谊　副主编

化学工业出版社

·北京·

本书围绕生态养鸭的实用技术，详细介绍了生态养鸭的特点和模式、生态鸭场的规划设计、品种的选择、营养与饲料配制、生态养鸭的饲养管理技术、生态鸭场的环境保护与粪污处理技术、鸭病防控技术、生态鸭场的经营与管理等内容，具有实用性、科学性、先进性，是指导养殖场（户）搞好生态养鸭的科技用书。

图书在版编目（CIP）数据

　　生态高效养鸭实用技术/刘建钗，张鹤平主编. —北京：化学工业出版社，2014.7（2019.11重印）
　　（生态高效养殖技术丛书）
　　ISBN 978-7-122-20799-9

　　Ⅰ.①生…　Ⅱ.①刘…②张…　Ⅲ.①鸭-生态养殖
Ⅳ.①S834.4

　　中国版本图书馆 CIP 数据核字（2014）第 110291 号

责任编辑：漆艳萍　邵桂林　　　　文字编辑：谢蓉蓉
责任校对：蒋　宇　　　　　　　　装帧设计：史利平

出版发行：化学工业出版社
　　　　　（北京市东城区青年湖南街 13 号　邮政编码 100011）
印　　刷：北京京华铭诚工贸有限公司
装　　订：三河市振勇印装有限公司
850mm×1168mm　1/32　印张 8½　字数 227 千字
2019 年 11 月北京第 1 版第 7 次印刷

购书咨询：010-64518888
售后服务：010-64518899
网　　址：http://www.cip.com.cn
凡购买本书，如有缺损质量问题，本社销售中心负责调换。

定　　价：29.00 元　　　　　　　　　　　版权所有　违者必究

编写人员名单

主　　编　　刘建钗　张鹤平
副 主 编　　陈敬谊
编写人员　（按姓名汉语拼音排序）
　　　　　　陈敬谊　贾小红　李志青　梁瑞强
　　　　　　刘建钗　乔海云　张鹤平

前言

随着人们生活水平的日益提高，消费者对食品安全的关注前所未有，畜禽产品的质量安全问题更是消费者关注的热点。同时，如何防止养殖过程对周围环境造成的污染也是现代养殖生产必须面对和解决的关键问题。既要生产出优质安全、绿色、无公害的畜禽产品，又要在养殖业的发展过程中解决好养殖和环境的关系，才能保证养殖业的健康发展。解决好上述问题的根本出路在于搞好畜禽的生态养殖，生态养殖是畜牧业发展的必然趋势。

本书详细介绍生态养鸭的实用技术。包括生态养鸭的特点和模式、生态鸭场的规划与设计、生态养鸭品种的选择、生态养鸭的营养与饲料配制、生态养鸭的饲养管理技术、生态鸭场环境保护与粪污的科学处理、生态养鸭疾病防控技术、生态高效养鸭的经营管理等内容，是投资建设生态养鸭场的必备书籍。

由于编者水平有限，书中难免有疏漏之处，敬请广大读者批评指正。

编者
2014 年 4 月

目录

绪论

第一节 生态养殖的内涵

生态养殖是从维护农业生态系统平衡的角度出发，关注饲草、饲料资源的充分利用和安全卫生、保障畜禽的健康、保护生态环境、保证畜禽产品安全优质的养殖过程。可以从以下几个方面理解生态养殖。

一、生态养殖要遵循生态系统循环、再生的原则，使农林牧渔业有机结合起来

生态养殖的过程不再是传统的饲料的输入和畜禽产品的简单输出，而是通过有效地组织养殖生产的过程，使养殖业和农林渔业结合起来，使农林牧渔之间形成有效的链接，形成新的价值产业链，使系统整体的生产能力提高，并获得好的经济效益。

生态养殖要充分体现生态系统中资源的合理、循环利用，提高资源的利用效率，并本着资源节约的目的组织生产，科学利用能量和物质，做到有输出、有输入，维护生态平衡。生态养殖模式的选择及养殖的生产过程应充分利用自然资源，利用生物的共生优势、生物相克以趋利避害、生物相生相养等原理，形成资源的循环利用、合理安排食物链形成价值链，实现生产的良性循环。

二、生态养殖有多种模式，应因地制宜，合理组织

生态养殖要因地制宜，根据当地自然资源和社会条件的实际情况，合理利用当地的自然资源，合理安排养殖生产的过程，饲养方式要与当地的环境条件相匹配，形成符合当地条件的生态养殖模式。

（1）多层次利用的养殖模式　如根据生物群落结构，按不同物种具有的不同生活习性，利用其生长过程的"空间差"和"时间差"，并按种群空间的多层布置，构成一个分级利用、各取所需的生物群落立体结构，使有限范围内的土地、空气和阳光等环境资源都得到充分而合理的利用，使经济效益、社会效益和生态效益统一，取得良好的综合效益。

（2）综合循环利用的养殖模式　生物种群在生态系统中分别扮演生产者、消费者和分解者的角色，在物质循环中发挥着不同的作用。物质可以沿着食物链分级多层次利用，通过不同食物链的配合完成它的循环。可以组织农副产品的综合利用、多次增值，通过牧、农、林、副、渔各业统筹兼顾，协调发展。

三、处理好畜禽养殖与环境的关系，保护生态环境

保护生态环境是生态养殖的重要内容。根据养殖畜禽的种类、生物学特性选择适宜的养殖模式，做到养殖场的生产过程既不污染周围环境，也不受周围环境的污染，是生态养殖的重要任务。

四、通过对整个养殖过程科学、规范地管理，提供优质、安全的畜禽产品

生态养殖的最终目的是要向市场提供安全、优质、绿色的畜禽产品，并获得好的经济效益，达到高效生产的目的。生态养殖要通过选择优良的畜禽品种，采取科学、先进的饲养管理技术，为畜禽提供适宜生长的养殖环境，在养殖过程中规范使用安全、卫生的饲料、饲料添加剂，并通过对饲料营养的控制，提高其在动物体内的

消化吸收率，减少营养物质的排泄量；采取科学防控畜禽疾病的手段和措施，合理用药，保证畜禽的健康，以生产出安全、卫生的畜禽产品。优质生态养殖产品的输出是对保护生态系统平衡的最好回报。

第二节　生态养殖的模式

生态养殖的模式可以通过把养殖业与种植业、林业、渔业等多种生产体系结合起来的方式进行生态养殖，或以畜禽粪污的资源化利用为纽带进行生态养殖。

生态养殖的主要模式如下。

一、农牧、林牧、渔牧结合的生态养殖模式

1. 农牧结合

通过农牧结合，多途径增加养殖的饲料来源，也为农田提供更多的优质有机肥，还可减少畜牧养殖对环境的污染，提高养分资源和能源的利用效率。

2. 林牧结合

充分利用林地、果园等闲置资源，将家畜、家禽生产纳入林业生产系统中，发展林下生态种养，如林—畜、林—禽、果—禽等模式。

3. 渔牧结合

渔牧结合是将畜禽养殖与水产养殖相结合。有鱼—畜（猪、牛、羊等）、鱼—禽（鸭、鸡、鹅等）、鱼—畜—禽综合经营等模式。

二、农林牧结合、农牧渔结合、林牧渔结合的生态养殖模式

1. 农林牧复合模式

种植业与林业共生，形成良好的生态环境，还可为畜牧养殖业

提供饲料（饲草）资源；利用农作物秸秆和动物粪便生产沼气，充分利用废弃物，减少环境污染，沼气可为社会提供能源，沼液和沼渣也可作为肥料再用于种植业和林业。

2. 农牧渔复合模式

通过畜牧业废弃物的沼气生产，通过沼气、沼渣、沼液将种植业和水产养殖业连接起来，构成物质循环利用的生态体系。还可种植一些牧草等为畜牧业和水产养殖业提供青饲料，对鱼塘的定期清淤可为种植业提供有机肥源。

3. 林牧渔复合模式

在丘陵山区，利用山坡地发展林果业或林草业，在林地中或果园里建立畜禽养殖场和沼气池，在山塘中发展水产养殖业，形成林、果、草、畜、禽养殖单元和水产养殖单元。

三、以畜禽粪污的资源化利用为纽带的生态模式

1. 以沼气为纽带的生态模式

以沼气为纽带的生态模式主要是通过畜禽粪便的资源化处理，通过专业化沼气生产，进行沼气、沼液、沼渣的综合利用。沼气可以用来发电，或通过燃烧来取暖供热；粪便经过沼气池发酵后产生的沼渣、沼液可用于鱼塘、农田、菜园、果园、苗圃，沼渣是有机饲料和有机肥料，沼液作为液态有机肥供种植业所用。通过沼气技术能够把养殖业和种植业之间中断的生态循环连接起来，形成有价值的有机链。

2. 以腐生食物链为纽带的生态模式

根据腐生食物链原理，利用养殖过程中的废弃物来培养食用菌，或者养殖蚯蚓、蝇蛆等，将种植业、养殖业连接起来，从而形成一个多元复合的生态体系。

（1）用畜禽粪便培养食用菌　利用畜禽养殖产生的粪便、农作物的秸秆、谷物糠麸、棉籽壳等作为培养食用菌（如蘑菇、香菇、草菇、黑木耳等）的原料，生产食用菌。食用菌生产后留下的菌渣和培养床的废弃物用作大田作物的有机肥料。

（2）用畜禽粪便养殖蚯蚓和蝇蛆　利用畜禽养殖的废弃物（辅以一定的作物秸秆）作为基质养殖蚯蚓，或直接用动物粪便养殖蝇蛆。蚯蚓和蝇蛆作为高蛋白饲料成为养鸭和养鱼的营养饵料。养殖蚯蚓和蝇蛆后的剩余残渣是优良的有机肥，用于大田农作物生产。

第一章

生态养鸭的特点和模式

根据生态畜牧业和生态养殖的特点，把生态养殖的相关理论和原理运用到鸭的饲养过程中去，是指导生态养鸭的理论基础。生态养鸭就是从农业可持续发展的角度，根据鸭的生物学特性，运用生态学、食物链原理、物质循环再生原理、物质共生原理，把养鸭与农、林、渔业有机结合起来，将传统养殖方法和现代的、先进的饲养管理技术相结合，通过合理有效地利用资源，提高系统的能量和物质的循环，达到养鸭过程的生态环保，并向消费者提供优质、安全的产品的目的，从而实现养鸭经济效益、生态效益、社会效益的统一。

生态养鸭的方法能减少、控制养殖过程对环境的污染，并提供优质、安全的禽产品，提高鸭的养殖效益。

第一节　生态养鸭的特点

一、采用现代、先进的饲养管理技术

生态养鸭要用先进的、现代的饲养管理手段和技术，管理鸭的饲养全过程，如在对鸭的品种选择、饲料品质及配方控制，鸭病的科学防控、科学用药，鸭的饲养环境及小气候的控制与改善，养鸭过程粪污等废弃物的合理处理与利用等多方面都有严格要求，以实现禽产品的安全、优质，达到减少环境污染的目的。

生态养鸭的前提是建立在鸭群健康的基础上的。不管采用哪种生产模式、生产方式，如何保持鸭群健康是生态养鸭的基本保障。所以，采用科学、规范的饲养管理技术保证鸭群的健康，是生态养鸭的重要技术环节。

二、体现养鸭和农、林、渔业的有机结合

生态养鸭不是简单地、单纯地把饲料转化为鸭蛋、鸭肉的过程，而是更好地体现农、牧、渔业的结合。利用果园、林地、稻田、草场、荒山荒坡、河堤、滩涂、农田等丰富的自然生态资源等进行生态养鸭，鸭的野生植物性饲料大都是农、林、渔地的杂草，如无毒杂草的嫩茎叶、肉质根、地下块茎、块根、子实和果实等。稗草、瓜皮草、鸭舌草、黑藻等难以除尽的杂草，只要有了鸭群，不需要人工除草，不需要化学除草剂，完全可以得到控制。鸭还是农林作物害虫的天敌。放牧养鸭常被用来啄食农田、林地中的害虫，可起到消灭或减轻虫害，节省农药、人工和资金，免除环境污染的作用，养鸭治虫是实行生态农业的重要措施。养殖过程产生的粪尿既可以就地消纳，提高地力、肥力，又可以减少废弃物对环境的污染。

可以进行鱼鸭混养，水面养鸭、水下养鱼；或在池边或池塘附近建鸭棚，利用鸭的废弃物——粪尿和残剩饲料作为鱼池的肥料和饵料，采用养鱼、养鸭同时进行等各种生态养鸭的模式。

还有稻、鸭结合和鸭—沼—果生态养殖的模式。

三、充分利用饲料资源，开发生态饲料

生态养鸭时，饲料使用应因地制宜，充分利用当地饲料资源，开发生态饲料。如林地生态养鸭时，林地里鸭的食物资源丰富，鸭可以自由采食林地里的植物性饲料（草籽、嫩草等）和动物性饲料（昆虫、虫卵等），且可以从土壤中获取矿物质，仅在晚上补喂饲料即可，可以节约饲料。生态养鸭还可通过人工育虫，养殖蚯蚓、蝇蛆等为鸭提供动物性饲料。林地生态养鸭时对生态饲料的开发包括

林地种植苜蓿、三叶草等豆科优质牧草，起到固氮、改良土壤、保持水土、抗旱等作用，促进林果增产，使生态效益和经济效益相结合。同时，在配制鸭的饲料时使用生态饲料添加剂（如中草药饲料添加剂、微生态制剂等），能够更好地满足人类健康所需的绿色食品的要求，具有广阔的发展前景。

四、生产过程减少环境污染

生态养鸭，要考虑生产过程中可能对环境产生污染的环节，采取相应的控制措施以减少对环境的影响。如"鸭—鱼"结合立体养殖的方式，鸭粪下鱼塘，将鸭粪作为鱼的饵料（或鱼的食物——浮游植物的肥源），可以节约养鱼的饲料开支，"鸭—鱼"结合比单养鱼还可以提高鱼的产量，增加经济效益。也可以采用鸭粪进行发酵处理生产有机肥料，利用周边的农田进行消纳，还可以修建沼气池，进行生物处理，沼气进一步作为能源利用，沼液和沼渣作为肥料施用到农田。污水也要经过预处理，达标后排放。养鸭场还需通过植树、绿化来优化生态环境。总之，生态养鸭一定要达到减少环境污染的目的。

五、向市场提供生态产品

生态养鸭，要实行科学的饲养和管理、严格的卫生防疫措施，并在整个饲养过程中严格限制饲料添加剂、化学药品及抗生素的使用，避免饲料污染和兽药残留等对产品质量的影响，以提高鸭蛋、鸭肉风味和品质，生产出更加优质、安全的无公害或绿色的肉、蛋产品。

生态放养时，一般宜选择野外生活力较强、耐粗饲、觅食能力好的地方优良品种，采用自然、健康的放养方式。鸭的饲养时间较长，活动空间大，鸭可自由采食昆虫、草籽、嫩草等。这种方式生产的鸭肉味道鲜美，蛋黄色素深，香味浓郁，口感好。按照无公害、绿色食品的生产要求进行饲养，出售时价格更比普通的鸭肉、鸭蛋价格高很多，产品收益好。

第二节　生态养鸭的组织和实施

要综合考虑以下多个方面，实现生态养鸭。

一、选择适合当地条件的生态养鸭模式

农区、山区、城郊、草地等不同的生态区域，应根据社会条件、经济条件、自然条件以及自身的特点，选择资源配置、农牧结合、多级利用等不同生态养鸭的模式。生态养鸭有多种模式，如利用林地、果园、荒山、荒坡、滩涂、草地等进行生态放养，鱼鸭混养的立体生态养殖，利用稻田围栏养鸭，鸭—沼—果生态养殖等，应根据当地的具体条件，确定适宜的生态养殖模式。

二、生态鸭场选址和布局要求

生态鸭场的选址和布局要符合养殖场建场选址和布局的基本要求，并充分考虑养鸭过程中产生的鸭粪、污水等废弃物的合理处理和利用。考虑到生态养殖过程中，鸭产生的废弃物（如粪尿、污水）的无害化处理，不对环境造成污染，在生态养殖开始选址时，要考虑周围有适当面积的农田用于处理粪污，并能利用农田进行农牧结合。

三、品种选择

各地自然条件、市场需求等有很大差异，鸭生态养殖时品种的选择，要结合确定的饲养模式，选择适宜的、优良的鸭品种。根据不同地区对鸭产品的市场需求和当地的自然环境和社会条件，确定鸭的类型。是饲养肉用型、蛋用型还是肉蛋兼用型鸭，要视具体情况慎重选择。在同一类型的品种中选择鸭的生产性能好的品种。如四川、江苏、广东等南方地区是板鸭、烤鸭、盐水鸭等的主要消费地，可以选择肉用生产性能高的北京鸭、狄高鸭、樱桃谷鸭、瘤头鸭等良种进行饲养。北方地区和南方一些地区的人们喜食鸭蛋，可

选择绍鸭、金定鸭、江南Ⅰ号、江南Ⅱ号、樱桃谷蛋鸭等著名的高产蛋鸭品种进行饲养。

总之，在品种选择上一定要选择适合当地自然条件、生产性能较稳定、产品又符合当地消费习惯的品种进行饲养，才能获得较好的效益。

四、科学、健康养殖

考虑鸭的生物学特性和行为习性，使用先进、科学的饲养管理技术，从使用安全、卫生的饲料，提高饲养效率；采取科学的环境控制和管理措施；搞好鸭场卫生防疫，合理用药等方面做到鸭的健康养殖。

五、合理处理、利用鸭场废弃物

生态养鸭必须充分考虑废弃物的处理方式，应遵循无害化、减量化、资源化的原则，合理地、科学地处理粪污，对粪污进行生物处理。

六、保障产品质量，生产绿色、生态禽产品

生态养鸭要在选用优质品种的基础上，通过科学的饲养管理，进行无公害标准化生产，发展特色生态养鸭，为市场提供安全、卫生的禽产品，如无公害禽产品、绿色禽产品、有机禽产品等，以优质、特色品牌产品赢得市场，从而获得较好的经济效益。

第三节　生态养鸭主要模式的特点和实例

一、生态放养模式与实例

1. 生态放养的概念

鸭的生态放养是在现代农业可持续发展的大背景下运用生态学的原理，使农、林、果等农业种植生产与传统的散放饲养和现代科

学饲养等畜牧生产做到有机结合，充分利用广阔的林地、果园等自然资源，进行养鸭生产，达到以林养牧、以牧促林的良好效果的生态饲养模式。并通过建立良性物质循环，实现资源的综合利用，起到既保护生态环境，又增加农民收入的作用，实现了生态效益、经济效益和社会效益的统一。

鸭的生态放养可利用林地、果园、荒山荒坡、农田、河堤、滩涂等丰富的自然生态资源，根据不同地区自然环境的特点和特性，充分利用林地昆虫、小动物及杂草等自然的动植物饲料资源，通过围网放养结合圈养或棚养的方式进行鸭的生态饲养。饲养过程实行舍养（育雏阶段鸭在舍内养殖、放养阶段晚上在鸭舍内休息、过夜）和放养（雏鸭脱温后白天在林地散放饲养）相结合，鸭可以自由采食野生自然饲料如各种昆虫、青草、草籽、嫩叶和矿物质等，再通过合理的补喂饲料、科学的饲养和管理技术、严格的卫生防疫措施，并在整个饲养过程中严格限制饲料添加剂、化学药品及抗生素的使用，以提高鸭蛋、鸭肉的口味和品质，生产出更加优质、安全的无公害或绿色的肉、蛋产品。

2. 鸭生态放养的意义

（1）饲养成本较低，经济效益高　林地里鸭的食物资源丰富，鸭可以自由采食林地里的植物性饲料（草籽、嫩草等）和动物性饲料（昆虫、虫卵等），早、晚补喂饲料，可以节约部分饲料。鸭的饲喂靠全程人工喂料时，饲料成本占到全部成本的70%左右，而林地生态养鸭，可减少饲料成本10%～30%，使养鸭效益提高。

林地空气新鲜、光照充足、饲养密度小、环境安静、应激因素减少，鸭在此到处觅食，抗病力较强，传染病的发生率低，用药少，能节省药物费用。

雏鸭在鸭舍内饲养，需要雏鸭舍。林地放养后夜间休息、过夜的鸭舍一般要求不高，可以视具体条件搭建简易棚舍、塑料大棚等，也可以由人住的房舍加以改造利用，可以减少一笔鸭舍建筑费用。

由于环境优越，养殖时间较长，肉、蛋品质好，无污染、无药物残留，味道鲜美，如果按照无公害、绿色食品的生产要求进行饲养，出售时价格更比普通的鸭肉、鸭蛋价格高很多。

（2）放养期利用林地、果园养鸭，鸭吃掉大量杂草，对杂草有一定的防除和抑制作用。林地、果园是各种昆虫如金龟子、地老虎、蛾、蝗虫、叶蝉等害虫的滋生和繁殖的场所，鸭大量采食林地的害虫，既保护了林木、果树，使病虫害的发病率明显减少，也减少了喷施农药的次数。

（3）鸭的粪便中含有大量有机物质和氮、磷、钾等营养成分，是优质的有机肥料，鸭粪为林地提供大量肥料，增强地力，改良土壤品质，有利于林木的生长，提高果实的产量和品质。同时减少林地的化肥使用量，降低林地养护投入成本，又有利于保护林地生态环境。

传统舍内饲养时，鸭的饲养密度大、粪便产生多，氨气等有害气体含量高，夏季招惹蚊蝇，对外界环境产生的污染日益突出。而林、果地空间开阔，鸭的活动空间大，鸭的饲养密度较低，鸭的粪便产生的有害气体如氨气等在空气中的浓度相对降低，减少了养鸭对环境的污染。

鸭的生态放养有利于农业增产、农民增收，是当前新农村建设的一个新的经济增长点。

3. 评价

我国具有丰富的林地资源，怎样有效利用林地土地和空间的巨大资源，增加林地收益，是新时期农村建设的重要议题。利用林地、果园等进行生态养鸭这种新型的养殖方式，合理利用了林地、果园等自然资源，使鸭在新鲜的空气、自由的觅食运动中得到了健康成长，这种因地制宜、林牧结合、以林养牧、以牧促林，利用林地发展生态养鸭的模式，已成为不少地区发展生态农业的重要方式。

4. 林地生态养鸭模式案例

林地养鸭案例摘自国家林业局发展规划与资金管理司编写的《林地立体开发实务指南》（中国林业出版社，2012），案例包括林地生态养鸭的模式及各地的自然条件、林地条件、养殖与管理技术、经济效益等情况。案例如下：

（1）地区　湖南常德市安乡县。

（2）模式　杨树＋鸭。

（3）自然条件　年降水量1212.7毫米，年日照1842小时，年均气温16.6℃，年积温（≥10℃）为5182℃，极端最低气温－12.3℃，极端最高气温37.8℃，全年无霜期275天。

（4）林地条件　海拔29～36米、土壤为水稻土和潮土、土层厚度为70～80厘米、土壤pH值为7～8.5的杨树林下，林内株行距为4米×5米和6米×6米，林下郁闭度为0.8。

（5）养殖与管理技术　建立育雏室，育雏后林下散养，养殖密度以30只/亩（1亩≈667米^2）为宜。主要以昆虫、玉米、小麦等为饲料。养殖期间严密防疫。肉鸭6个月即可出栏，蛋鸭需要17个月。

（6）经济效益　林下养殖3000亩，总投入360万元，亩均1200元。年出栏量10万只，肉鸭的产品售价为10元/千克，蛋鸭的产品售价为30元/千克，年总收入可达600万元，年利润为240万元，每年亩均纯收入约为800元。

二、鱼、鸭混养的生态养殖模式

鱼、鸭混养、鸭粪喂鱼是利用生物链进行生态养殖的模式。

1. 模式特点

（1）减少鸭饲料的浪费，鱼池为养鸭提供较好的环境条件　将养鸭浪费的饲料直接落入或者扫入鱼池，供鱼利用，减少了饲料浪费。同时鱼池为养鸭提供了一个较好的生活环境条件，并且鸭子还可在水中摄食蝌蚪、蜻蜓等，降低了养殖成本。

（2）鸭粪可以为鱼类提供有机饵料　鸭子在水中游动时，鸭粪均匀地散落在水中，为浮游生物的生长繁殖不断地补充营养，提高了鱼池生产能力，促进鱼类快速生长，同时避免人工施肥不均和陆地养鸭粪便污染问题。

（3）促进池塘生态系统的循环　鸭在浅水处觅食翻动池底淤泥，促进池底的营养物质扩散，有利于池塘物质循环。另外，鸭群在鱼池中不断地游动、嬉戏、扑打，起到了为池塘增氧的作用。

2. 鸭粪喂鱼技术要点

（1）鱼的种类不同，对鸭粪尿利用的途径也不同。鲢鱼、罗非鱼等能直接食用鸭粪尿。

（2）鸭粪施入水体，或鸭在洗浴时洗涤出的鸭粪或排泄的粪便等，大部分被浮游植物吸收，浮游植物进行光合作用，迅速生长繁殖，又被鲢鱼等鱼类食用；水中的多种微生物能够大量利用鸭粪中的蛋白质和非蛋白氮，合成自身的蛋白质。据分析，鲜鸭粪中含氮素 1.1%、磷酸 1.4%、氧化钾 0.62%，按此计算，如果一只肉用种鸭 1 年向鱼塘排粪 100 千克，就等于向鱼塘中施入硫酸铵 5.4 千克、过磷酸钙 6.9 千克、硫酸钾 1.26 千克。

（3）浮游植物的大量滋生，使以其为食物的浮游动物大量繁衍，成为鳙鱼、鲤鱼、鲫鱼等的食物。

（4）鸭粪通过水生高等植物被鱼利用，是过肥水域应利用的生物链形式，如浮萍、水葫芦等。

（5）鸭粪—EM 制剂发酵—蝇蛆—鱼　每 100 千克鸭粪加入 0.5 千克 EM 活菌拌匀，用农膜盖严，发酵 3～6 天，运到养蝇蛆的育蛆池堆成条状，然后撒屠宰场的下脚料，苍蝇会云集产卵，8～24 小时孵化成小蝇蛆，4～6 天后小蝇蛆长大，自动爬出粪堆，掉进收蛆桶中。

每 100 千克鲜鸭粪可产鲜蝇蛆 20～30 千克。喂鱼前鲜蝇蛆用 0.0001% 高锰酸钾水消毒。

（6）鸭粪对养鱼的影响

① 鲜鸭粪中含有病毒、细菌、原生动物的多种病原微生物，大量倾入后如超过水体的自净能力，可导致鱼类患病和死亡。如丹毒杆菌可通过鸭粪进入水中存活于鱼体内，引起隐性感染。

② 新鲜鸭粪中的寄生虫、虫卵经水生动植物作为中间宿主或媒介物，易引起动物（含鸭）或人的寄生虫病。隐孢子虫、绦虫都

需要鱼或剑水蚤作为中间宿主再感染鸭。

③ 鸭粪在水中分解，需消耗大量的溶解氧而引起水域缺氧，轻度时鱼生长速度放慢，重则鱼浮头、死亡。

溶解氧不足时，水中的有机物质分解产生有机磷、氨气、硫化氢、甲烷等有害物质，影响鱼类和水中生物的生长，甚至致鱼类死亡。如由硫化氢、氨气、甲烷等组成的小气泡，鱼苗苗种误当食物吞入肠内，积累成大气泡，使鱼漂浮水面，头部无法沉下去，形成气泡病。大量鸭粪的施入使水的酸碱度发生变化，其残渣影响水域的透光、使水质恶化。

④ 鸭粪施入水域，造成水体富营养化，某些病原微生物大量繁殖，引起鸭鱼发病。如产气单胞菌，同时感染鸭、鱼，使之发生败血症。水域水质差，容易引起鸭群大肠杆菌、沙门菌等疾病。

(7) 注意事项

① 将舍内鸭粪进行干燥或膨化处理，按一定比例与其他饲料原料混合，制成鱼用全价颗粒饲料，可以避免鸭粪对水体的各种污染。鸭粪的属性限制了其在鱼用饲料中的比例，但可以大量地掺入牛、羊饲料中，或作为花卉用、蔬菜用、果用肥料。

② 将病鸭粪经过堆积发酵处理，以高温杀灭病原微生物、寄生虫及其卵后作肥料。

③ 掌握适当的施肥量，少量勤添，保持 20 厘米以上的透明度，以保证水中鱼类所需的溶解氧，如果水深大于 2 米，每 667 米^2 水面的载鸭量少于 30 只。

④ 定期和适时灌入新水，排出底水。

⑤ 通过水生植物处理 在鸭粪尿污染区种植青饲料：在鸭运动场下水流入处截底用围网围出一块水域，根据养鸭数量，每只大鸭 0.2～0.5 米^2，种植黑藻、苦草等或养水葫芦和浮萍。青饲料多时，把围网的水底部分拆除，让鱼进入水葫芦、浮萍养殖区，吃食青饲料。

⑥ 在蛋鸭、种鸭的停产期，或肉鸭、蛋鸭出栏后，对鸭驱虫，

鸭舍、水塘进行消毒。种鸭用吡喹酮、丙硫苯咪唑驱虫。鸭舍彻底清扫，鸭舍、运动场用菌毒敌或百毒杀消毒，鸭粪发酵，鱼池干塘、用生石灰全池消毒。

3. 评价

水下养鱼、水上养鸭是一种立体综合养殖模式，构成了一个高效、低耗的生态系统，在获得养鸭收益的同时，可提高水域养鱼产量和经济效益。鱼鸭混养的生态养殖模式，经济效益、社会效益和生态效益显著，有着广阔的发展前景。

三、稻田围栏养鸭的生态养殖模式

稻田围栏养鸭是在稻田用细网围栏，水稻移栽后放养雏鸭，稻鸭长期日夜共栖。鸭可捕食害虫，鸭的活动起到中耕除草的作用，改善稻田通气状态，使稻田增氧。稻田围栏养鸭将种稻和养鸭有机地结合在一起，充分利用了稻田立体空间的光、热、水、肥，达到稻、鸭互利共生的目的。

各地根据具体资源和条件，形成了多种稻鸭共育模式，如稻＋鸭、稻＋鸭＋萍、稻＋鱼＋鸭＋菜等多种模式。

1. 特点

稻田围栏养鸭是根据水稻各生长期的特点和鸭的生理、生活习性进行稻鸭互生、共育的模式。

（1）水稻田中有充足的水分，稻的茎叶为鸭避光，稻田成为鸭的栖息地；稻田中的害虫（包括飞虱、叶蝉、蛾类、福寿螺等）、浮游生物、杂草等为鸭提供丰富的饲料，显著降低养鸭的成本。

（2）鸭在稻丛中不断踩踏，减少杂草，有除草的效果；鸭在稻田间不断活动，对稻苗起到中耕的作用；鸭昼夜采食，可吃掉不同时间活动的害虫，有生物防治的作用。

（3）鸭在稻丛中连续活动，排泄物和换下的羽毛，不断掉入稻田，给水稻追肥，提高水稻的结实率和干粒重；水稻不施化肥、农药，没有污染，养鸭不用抗生素和化学药物，生产出无公害、绿色的稻米和鸭肉、鸭蛋。

2. 技术要点

（1）稻田条件　放牧稻田水源应无污染，水量充足，排灌方便。稻田土壤要求保水性强，土壤呈中性或微碱性为好。稻田的大小在放牧阶段越大越好，在围栏养殖阶段应根据稻田的面积定量放养，通常每亩稻田放养12～15只肉鸭。稻田养鸭时，种植的水稻品种应该具有稳产、高产、抗病、抗倒伏的特性。在稻田放鸭期间，田内要长期保持有水，不能使用除草剂，最好使用生物农药或少量使用高效低毒化学农药，以保证肉鸭健康。

（2）品种选择　大型肉鸭品种（如北京鸭等）不宜稻田饲养。中小型肉鸭和蛋鸭品种活动能力强，适应性广，抗逆性强，耐粗饲，觅食能力强，适合稻田饲养。

（3）适时放养　鸭子放养前在棚舍内育雏，育雏结束（饲养20天左右）体重在100克以上，且在水稻抛秧15天或移栽12天以上时，就可将鸭放养到田间。

鸭子放入大田前，先用围网和网桩将田块围住，防止黄鼠狼和野猫等外敌的危害。围网使用防虫网或网眼较小的渔网，木桩或竹桩的高度为1.2～1.5米，每个围网单位田块面积以8～12亩大小为好，每亩鸭子放养密度为15～20只。同时在放养田的一角留出一块5米×6米的空地，搭向阳的简易遮雨棚，以减少不良环境对鸭的伤害。

（4）每日补饲精料　在雏鸭进入稻田的第1周，补饲2次/天，每只鸭补饲精料50～70克/天。从5周龄开始，减少补饲量，促使肉鸭下田觅食。从鸭子出田前15天开始补料，每天每只补饲100克饲料。注意定时、定点饲喂，饲喂量依据放牧情况确定。

（5）合理安排放牧时间　应根据气温和水温确定放牧时间。稻田放牧，因水浅，易被晒热。气温超过30℃时，不宜下田放鸭。适当进行轮流放牧，同一片稻田不宜多次重复放牧，适当休息几天再放。稻田不同生长期和收获期，最好进行搭配。水稻收割后，田中有大量遗粒，可以集中放牧。

（6）在稻田喷洒农药期间禁牧　稻田养鸭期间一般不给水稻施

肥，也不使用农药杀虫。在喷洒农药的稻田应禁牧；在发生过鸭瘟的地区或有其他传染病的地区，以及被污染的水面、稻田不能放养鸭子。

（7）稻田养鸭的补饲　稻田为肉鸭提供了大量容易消化的食物，但并不能完全满足肉鸭生长的营养需要，如不补饲精料，可能会影响其生长速度。辅助饲料的营养组成应根据稻田放牧获得的饲料营养特点确定。一般而言，稻田放牧肉鸭能量采食量较低，配合饲料中应含有较高水平的能量饲料，如玉米、碎米、米糠、小麦等。补饲量根据稻田内的杂草、水生小动物数量确定。

在放养后的前 2 周内，早、晚为小鸭补饲小鸭配合饲料。从放养第 3 周开始到水稻抽穗前，应根据肉鸭的生长情况补饲，在肉鸭生长正常情况下，可以减少补饲或不补饲精料，以提高鸭子的"觅食"能力，促进水稻生长。从水稻抽穗到肉鸭出栏前，应根据肉鸭的生长发育情况，在早上和傍晚分两次补饲精料，提高肉鸭出栏体重。

3. 评价

该模式充分利用稻田的水体空间，避免了鸭粪污染环境。稻田养鸭，能起到富集物质和能量的作用，进行资源充分利用。鸭的粪便及排泄物又可以作为水稻的肥料，鸭呼吸排出的二氧化碳是水稻进行光合作用的碳源。这种模式已在湖南、四川等多地应用。

四、鸭—沼—果生态养殖模式

养鸭场采取以"鸭场＋粪便处理生态系统＋废水净化处理生态系统＋土地还原系统"的生态养殖模式，将粪便固液分离，固体部分进行沼气发酵，建造适度的沼气发酵塔和沼气贮气塔以及配套发电附属设施，合理利用沼气产生的电能。发酵后的沼渣可以改良土壤的品质，保持土壤的团粒结构，使种植的瓜、菜、果、草等增产增收，池塘水生莲藕、鱼产量大。利用废水净化处理生态系统，将养殖场的废水集中控制，进行土地外流灌溉净化，使废水变成清水循环利用。

1. 特点

（1）鸭可及时利用果园青绿多汁饲料，补充动物所需的维生素和矿物质，果园环境空气清新，鸭的生产潜力得以充分发挥。

（2）鸭粪产生沼气，充分体现了鸭粪的生物能利用，产生的沼渣、沼液作为肥料也可得到循环利用。

（3）充分体现农林牧渔的结合，大大改善周围的环境，使环境无污染。

2. 评价

规模养鸭时建沼气池及配套设备需要投资较大，需考虑沼气的用途。该种生态养鸭的模式更适合于集约、规模饲养的鸭场。

五、发酵床养鸭模式

1. 原理

发酵床养鸭技术是借助鸭舍内铺设的有益菌垫料，通过有益菌的作用，发酵鸭粪便中的有机物质，消除氨气等臭味，改善鸭舍环境。

2. 垫料的制作

（1）垫料的组成 发酵床的垫料主要是玉米面（木屑）、糠麸（麦秸）、稻草（稻壳）等，按照一定比例加入微生物发酵制剂后制成发酵床。

（2）垫料的制作 厚度 20 厘米、面积 3～5 米² 的发酵床的制作：玉米面 5 千克、麦麸 50 千克、稻草或稻壳 100 千克，有益微生物菌群 10 千克。先将稻草铺在地面上，作为疏松透气的底层，将其他材料均匀撒上，一层层叠加，搅拌均匀。在垫料中加水，搅拌至含水率 60% 左右。24 小时后垫料开始升温，48 小时温度达到最高，中心温度可达 50～60℃，5 天后温度降至 40℃ 左右，垫料制作完成。

将垫料均匀填入地面，厚度 20 厘米（地上式饲养）或地下 20 厘米（地下式饲养）作为鸭舍的发酵床。

3. 发酵床养鸭的管理要点

（1）根据发酵床的情况和季节，确定适宜的饲养密度　一般以鸭的饲养密度 7～8 只/米² 为宜。

（2）发酵床面的温湿度管理　发酵床温度中心温度 35～40℃，表面温度 8～15℃，发酵床表面湿度保持 25％～30％。

（3）通风换气　舍内湿度大，必须注意通风换气。

（4）翻料　每周翻料 2～3 次，翻料前先将鸭赶出鸭舍，深翻 20 厘米。蛋鸭产蛋期 10 天翻料一次。

（5）鸭出栏后垫料可继续使用，一般可使用一年半。但应重新将垫料翻堆，彻底发酵，监测卫生指标达标后继续使用。

六、规模化生态养鸭模式

1. 特点

鸭场布局和鸭舍设计合理，饲养优良的品种，采用全进全出生产模式，饲养密度合理，饲养技术规范。鸭场粪污采用资源化、无害化的处理措施。

2. 基本要求

这种模式技术水平要求高，投资较大，适合规模较大的大中型养鸭场采用。

可采用"公司＋合作社＋基地＋农户"的产业链结合带动的方式，把养殖户联结起来，统一粪污处理方式，进行生态养殖。

鸭场还可以在林间、果园、园艺场选址建场，利用林木、排水渠等将场内不同功能区自然隔离，根据鸭场、林地规模的具体情况，鸭粪可直接为林场、果园利用，或设置鸭粪发酵生产车间，生产有机肥，供本场或区域内的大棚生产有机水果或有机蔬菜使用，带动当地生态、循环有机农业的发展。

3. 评价

规模化的生态养鸭模式，综合考虑鸭场的环境安全，兼顾鸭场对周围环境的污染，采用综合的养殖技术、手段和途径，最后生产出安全、优质的禽产品，同时又做好环境保护的工作。

第四节　生态养鸭发展前景

当今社会快速发展和进步，人民的消费能力和生活水平大大提高，对消费的食品质量和安全性的关注前所未有，特色、安全的生态肉蛋产品就会越来越受到消费者的喜爱，生态畜禽产品有巨大的需求空间。从生态畜禽产品生产供给的角度看，目前生态畜产品供给远远小于需求，生态畜禽产品的价格较高，生态养殖有可观的经济效益。

我国地域广阔，具有多样化的林地、水域等资源，把自然资源有效开发、利用，进行适度规模的生态养鸭符合市场对优质、安全畜产品的需求，也能够充分发挥地区生态农业的优势，一举多得，是带动农民致富的好项目。有的地区实现了生态养鸭规模化生产，通过正确引导和组织，加强技术培训，以规模饲养基地为龙头，靠特色、绿色形成品牌，抢占市场，实现产、供、销一条龙，取得了很好的经济效益。

生态养鸭产品符合人们对优质、绿色食品的需求，符合生态农业的发展趋势，通过积极、正确的引导，掌握科学种养技术，把握好销售环节，林地生态养鸭大有作为。

第二章

生态鸭场的规划与设计

第一节　生态养鸭要遵循的基本原则

应本着节约耕地、农（林）牧结合的原则，进行鸭场的科学选址和规划，并按照生产的最佳联系和卫生防疫要求等配置有关建筑，科学、合理地设置生态鸭场。

良好的生态鸭场的环境条件应该是：

（1）场区具有良好的小气候条件，有利于鸭舍内空气环境控制。

（2）便于严格执行各项卫生防疫制度和措施。

（3）便于合理生产，提高设备利用率和工作人员的劳动生产率。

（4）合理分区，各综合经营项目协调发展。

一、鸭场的生态环境要求

鸭场的生态环境应符合以下要求。

（1）空气质量符合环境空气质量标准的要求（表2-1）。

（2）禽饲养用水水质符合《无公害食品、畜禽饮用水水质标准》（NY 5027—2008）标准中的相关要求。

（3）排放的废水符合《畜禽养殖污染物排放标准》（GB 18596—

表 2-1　环境空气质量标准

项目	场区	雏鸭舍	成鸭舍
氨气/(毫克/米³)	5	10	15
硫化氢/(毫克/米³)	2	2	10
二氧化碳/(毫克/米³)	750	1500	1500
可吸入颗粒物(粒径小于 10 微米)/(毫克/米³)	1	4	4
总悬浮颗粒物(粒径小于 100 微米)/(毫克/米³)	2	8	8
恶臭(稀释倍数)	50	70	70

2001) 的要求。

（4）养殖场的废弃物要实行减量化、无害化、资源化处理。

二、生态养鸭要遵循的原则

生态养鸭，要按照国家、地方的统一规划及无公害食品、绿色食品的生产原则，选择场址、合理规划、布局，处理好鸭场与周围环境的关系，既能生产出优质、安全的畜禽产品，又不污染周围环境，这是生态养殖的根本出发点。

养殖场要严格执行 NY/T473—2001《绿色食品　动物卫生准则》，保证动物健康和动物环境卫生。产地环境必须符合 NY/T391—2000《绿色食品　产地环境技术条件》的要求。鸭场疫病监测和控制方案要遵照《中华人民共和国动物防疫法》及其配套法规执行。

第二节　生态鸭场场址的选择

生态鸭场的场址是鸭重要的生活环境。要为鸭创造一个良好的生长环境，首先应该做好场址的选择。场址的选择对日常生产和管理、鸭的健康状况、生产性能的发挥、生产成本及养殖效益都有重要影响，科学选择场址对保证养鸭场的高效、安全生产具有重要意义。

一、选址要求

场址选择主要考虑以下内容。

1. 位置

场址要求交通便利，考虑物资需求和产品供销，应保证交通方便。场外应通有公路，但不应与主要交通线路交叉。鸭场应濒临水源，应尽可能接近饲料产地和加工地，靠近产品销售地，确保有合理的运输半径。为确保防疫卫生要求，应避免噪声对健康和生产性能的影响。

（1）各种化工厂及畜禽产品加工厂距离　为防止被污染，养鸭场与各种化工厂、畜禽产品加工厂等的距离应不小于 1500 米，而且不应将养鸭场设在这些工厂的下风向。

（2）与其他养殖场距离　为防止疾病的传播，每个养鸭场与其他畜禽场之间的距离，一般不小于 500 米。大型畜禽场之间的距离应不小于 1000～1500 米。

（3）养鸭场与附近居民点的距离　远离人口密集区，与居民点有 1000～3000 米以上的距离，并应处在居民点的下风向和居民水源的下游。

（4）生态鸭场最好选建在丘陵、山区，选址时考虑周围有池塘、农田、果园、林地、蔬菜等配套环境，实行农、牧、林（果）结合，以便于鸭场产生的粪污通过农田、果园、林地、鱼塘等自然消纳，减少对周围环境的影响。农牧结合是生态养殖解决环境污染的根本途径。禁止在旅游区、疫病区建场。

（5）交通运输　选择场址时既要考虑到交通方便，又要为了卫生防疫使鸭场与交通干线保持适当的距离。一般养鸭场与主要公路的距离为 300～400 米，国道（省际公路）500 米，省道、区际公路 200～300 米，一般道路 50～100 米（有围墙时可减小到 50 米）。养鸭场要求建专用道路与公路相连。

（6）与电力、供水及通信设施的关系　养鸭场要靠近输电线路，以尽量缩短新线敷设距离，并最好有双路供电的条件。如无此条件，鸭场要有自备电源以保证场内稳定的电力供应。另外，使鸭场尽量靠近集中式供水系统（城市自来水）和邮电通信等公用设施，以便于保障供水质量及对外联系。

2. 地形地势

地势是指地面形状、高低变化的程度。地形是指养殖场地的形状、大小及地面上的物体等状况。

（1）地势要求高燥、向阳背风、排水良好　养鸭场地应地势高燥，高出历史洪水线1米以上。地下水位要在2米以下，或建筑物地基深度0.5米以下为宜。避免洪水季节的威胁和减少土壤毛细管作用而产生的地面潮湿。低洼潮湿的场地，空气相对湿度较高，不利于鸭的体热调节，而利于病原微生物和寄生虫的生存繁殖，对鸭的健康会产生很大影响。

（2）场地要向阳背风以保持场区的小气候条件稳定，减少寒冷季节风雪的影响　平原地区一般场地比较平坦、开阔，场地应注意选择在较周围地段稍高、稍有缓坡的地方，以便排水，防止积水和雨后泥泞，容易保持场地和棚舍干燥。靠近河流、湖泊的地区，场地要选择在较高的地方，应比当地水文资料中最高水位高1~2米，以防涨水时受水淹没。山区应选在稍平缓坡上，坡面向阳，南向坡接受的太阳辐射最大，北向坡接受的太阳辐射最小，东坡和西坡介于两者之间。南坡日照充足，气温较高，北坡则相反。最大坡度不超过25%，建筑区坡度应在1%~3%以内为宜，坡度过大，对建筑施工、运输、日常管理和放牧工作造成不便。在同一坡向，因为坡度的变化而影响其太阳辐射的强度。15°的南坡得到的太阳辐射比平地（坡度为0°）要高，而在北坡则较低。山区林地还要注意地质构造情况，避开断层、滑坡、塌方的地段，避开坡底和谷地以及风口，以免受山洪和暴风雪的袭击。

（3）地形要开阔整齐　地形应尽量开阔整齐，不要过于狭长或边角过多，这样在饲养管理时比较方便，能提高生产效率。

3. 土壤

在选择场址时，要详细了解场地的土质土壤状况，要求场地以往没有发生过疫情，透水透气性良好，能保证场地干燥。

（1）土壤类型

① 壤土　壤土是土壤中含有大致等量的砂粒、粉粒及黏粒，或是黏粒稍低于 30％。土壤质粒较均匀，黏松适度，透水透气性良好，雨后也不会泥泞，易于保持干燥，可防止病原菌、寄生虫卵、蚊蝇等生存和繁殖。土壤导热性小，热容量大，土温稳定、温暖，对鸭的健康、卫生防疫、生长都比较适宜。抗压性好，膨胀性小，也适于做鸭舍建筑地基。

② 沙土　沙土含沙粒超过 50％，土壤黏结性小，土壤疏松，透气透水性强；但热容量小，增温与降温快，昼夜温差大，会使鸭舍内温度波动不稳，并作为建筑用地抗压性弱，建筑投资增大。

③ 黏土　黏土沙粒含量较少，黏粒及粉粒较多，黏粒含量常超过 30％。这类土壤质地黏重，土壤孔隙细小，透水透气性差；吸湿性强，易潮湿、泥泞，长期积水，易沼泽化。在其上修建鸭舍，舍内容易潮湿，也易于滋生蚊蝇。有机质分解较慢，土壤热容量大，昼夜土壤温差较小，春季土温上升慢。由于其容水量大，在寒冷地区冬天结冰时，体积膨胀变形，可导致建筑物基础损坏。潮湿会成为微生物繁殖的良好环境，使寄生虫病或传染病得以流行。

（2）土壤成分　土壤成分复杂，包括矿物质、有机物、土壤溶液和气体。土壤中的某些元素缺乏或过多，会通过饲料、植被和水引起一些营养代谢疾病。一般情况下，土壤中的常量元素含量较丰富，大多可以通过饲料满足鸭的需要。但鸭对某些元素的需求较多，或植物性饲料中含量较低，应注意在日粮中补充。

土壤中的微量元素、重金属、有机污染物（主要是农药残毒）等土壤中化学成分对鸭的健康有直接影响。如果土壤中的有毒有害物质超过标准，被鸭食入后，会直接影响鸭的健康，所生产的鸭蛋与鸭肉也会因某些有害物质的富集残留，达不到无公害食品标准的要求。所以要了解鸭场当地农药、化肥使用情况，需对土壤样品的汞、镉、铬、铅、砷等污染物进行检测。

（3）土壤中的微生物　土壤中的微生物中有细菌、放线菌、病毒。土壤的温度、湿度、酸碱度、营养物质等不利于病原菌的生存。但被污染的土壤，或抗逆性较强的病原菌，可能长期生存下来。沙门氏菌可生存 12 个月，霍乱杆菌可生存 9 个月。因此，发生过疫情的地区会对鸭的健康构成很大威胁，养鸭场也不宜选低洼、沼泽地区，这些地区容易有寄生虫生存，会成为鸭寄生虫病的传染源。

总之，对土质土壤的选择，不宜过分强调土壤物理性质，还应重视化学特性和生物学特性的调查。如因客观条件所限，达不到理想土壤，就要在鸭的饲养管理、鸭棚舍设计、施工和使用时注意弥补土壤的缺陷。

（4）鸭场场地土壤环境质量要求　参照农业部制订的无公害食品标准中蔬菜产地环境条件中土壤环境质量指标和土壤中各项污染物的指标要求，见表 2-2、表 2-3。

表 2-2　土壤环境质量指标

项目	含量限制		
pH 值	＜6.5	6.5～7.5	＞7.5
镉/(毫克/千克)	≤0.30	≤0.30	≤0.60
汞/(毫克/千克)	≤0.30	≤0.50	≤1.0
砷/(毫克/千克)	≤40	≤30	≤25
铅/(毫克/千克)	≤250	≤300	≤350
铬/(毫克/千克)	≤150	≤200	≤250
铜/(毫克/千克)	≤50	≤100	≤100

4. 水质水源

水源水质关系着养鸭生产和人员生活用水及建筑施工用水，养鸭必须有可靠的水源。对水源的基本要求是水量充足、水质良好、取用和防护方便。

（1）水量充足　能满足生产、灌溉用水、场内人员生活用水、

表 2-3　土壤中各项污染物的指标要求

项目	旱田			水田		
pH 值	＜6.5	6.5～7.5	＞7.5	＜6.5	6.5～7.5	＞7.5
镉/(毫克/千克)	≤0.30	≤0.30	≤0.40	≤0.30	≤0.30	≤0.40
汞/(毫克/千克)	≤0.25	≤0.30	≤0.35	≤0.30	≤0.40	≤0.40
砷/(毫克/千克)	≤25	≤20	≤20	≤20	≤20	≤15
铅/(毫克/千克)	≤50	≤50	≤50	≤50	≤50	≤50
铬/(毫克/千克)	≤120	≤120	≤120	≤120	≤120	≤120
铜/(毫克/千克)	≤50	≤60	≤60	≤50	≤60	≤60

注：果园土壤中的铜限量为旱田中的铜限量的一倍；水旱轮作用的标准值取严不取宽。

鸭饮用和生产用水、消防用水等。鸭场人员生活用水一般按每人每天 24～40 升，散养时每只成鸭每天的饮水量平均为 300 毫升，加上日常管理一般按每只鸭每天 1 升计算。夏季用水量要增加 30%～50%。

（2）水质良好　水质要求无色、无味、无臭，透明度好。水的化学性状需了解其酸碱度、硬度、有无污染源和有害物质等。有条件则应提取水样做水质的物理、化学和生物污染等方面的化验分析。水源的水质不经过处理或稍加处理就能符合饮用水标准是最理想的。

饮用水水质要符合《无公害食品　畜禽饮用水水质标准》（NY 5027—2008）的规定，见表 2-4。

5. 气候因素

调查了解当地气候气象资料，如气温、风力、风向及灾害性天气的情况。作为鸭场建设和设计的参考。这些资料包括地区气温的变化情况、夏季最高温度及持续天数、冬季最低温度及持续天数、风向频率、常年主导风向、光照情况等。

表 2-4 《无公害食品 畜禽饮用水水质标准》（NY 5027—2008）

项　　目		标准值	
		畜	禽
感官性状及一般化学指标	色度/度	色度不超过 30 度	
	浑浊度/度	不超过 20 度	
	臭和味	不得有异臭、异味	
	总硬度（以 CaCO$_3$ 计）/（毫克/升）	≤1500	
	pH	5.5～9	6.8～8.0
	溶解性总固体/（毫克/升）	≤4000	≤2000
	硫酸盐（以 SO$_4^{2-}$ 计）/（毫克/升）	≤500	≤250
细菌学指标≤	总大肠菌群/（MPN 个/100 毫升）	成年畜 100,幼畜和禽 10	
毒理学指标	氟化物（以 F$^-$ 计）/（毫克/升）	≤2.0	≤2.0
	氰化物/（毫克/升）	≤0.2	≤0.05
	砷/（毫克/升）	≤0.2	≤0.2
	汞/（毫克/升）	≤0.01	≤0.001
	铅/（毫克/升）	≤0.1	≤0.1
	铬（六价）/（毫克/升）	≤0.1	≤0.05
	镉/（毫克/升）	≤0.05	≤0.01
	硝酸盐（以 N 计）/（毫克/升）	≤10	≤3

6. 土地征用

场址选择必须符合本地区农牧业生产发展总体规划、土地利用发展规划和城乡建设发展规划的用地要求；必须遵守合理利用土地的原则，不得占用基本农田，尽量利用荒地和劣地建场。

《畜禽规模养殖污染防治条例》（于 2014 年 1 月 1 日起施行）规定禁止在下列区域内建设畜禽养殖场、养殖小区。

① 饮用水水源保护区，风景名胜区。

② 自然保护区的核心区和缓冲区。

③ 城镇居民区、文化教育科学研究区等人口集中区域。

④ 法律、法规规定的其他禁止养殖区域。

以下地区或地段的土地也不宜征用：受洪水或山洪威胁及有泥石流、滑坡等自然灾害多发地带；自然环境污染严重的地区。

7. 饲养密度和建筑面积估算

不同类型的鸭（肉用型或蛋用型），饲养密度不同；同一类型的鸭，如日龄不同或生长阶段不同，饲养密度也不同；同一类型的鸭，虽日龄相同，但饲养季节不同，鸭舍大小不一样，每平方米鸭舍的养鸭数量也有差异。在建造鸭舍、计算建筑面积时，要留有余地，适当放宽计划；但在使用鸭舍时，要周密计划，充分利用鸭舍面积，提高鸭舍的利用率。

一般原则是：单位面积内，冬天可适当多养些鸭，夏天少养；运动场大的鸭舍，饲养密度可适当增加。肉用型及蛋用型鸭子的饲养密度见表2-5、表2-6。

表2-5　肉用型鸭不同周龄的饲养密度

周龄	地面平养密度/（只/米²）	网上饲养密度/（只/米²）
1	20～30	30～50
2	10～15	15～25
3	7～10	10～15
育成期	5～6	6～8
种鸭	2～3	4～5

表2-6　蛋用型鸭不同周龄的饲养密度

周龄	鸭舍		鸭滩		水围	
	米²/100只	只/米²	米²/100只	只/米²	米²/100只	只/米²
1	2.9～4.0	25～35				
2～4	4.0～5.0	20～25	6.6	15	10	10

周龄	鸭舍		鸭滩		水围	
	米²/100只	只/米²	米²/100只	只/米²	米²/100只	只/米²
5～8	5.0～6.7	15～20	10	10	12.5	8
9～16	6.7～10	10～15	12.5～14.3	7～8	16.7～20	5～6
产蛋鸭	11.0～12.5	8～9	14.3～16.7	6～7	20～25	4～5
种鸭	12.5～14.3	7～8	16.7～20.0	5～6	25～33.3	3～4

二、生态鸭场选择场址时应重点考虑的问题

1. 鸭场的生物安全性

生态鸭场在场址的选择上要充分考虑鸭场的生物安全问题，应重点考虑以下问题。

（1）规模化生态鸭场应建在离城区、居民点、交通干线较远的地方，远离村庄与其他养殖场，远离厂矿企业。

（2）生态养殖，鸭场应选建在农村，最好选建在山区，实行农、牧、林（果）结合，选址时考虑周围有农田、果园、林地、池塘、蔬菜、苗木花卉等配套，以便于鸭场产生的粪污通过农田、果园、林地、鱼塘等自然消纳，减少对周围环境的影响。农牧结合是创办规模鸭场、生态养殖、解决环境污染的根本途径。

（3）鸭场在丘陵、山区等地选址建设，鸭场四周有植被，形成天然防疫屏障，远离居民区，使生物安全有保障，可创造良好的养殖环境。

2. 粪污处理方式

生态养鸭，在鸭场规划设计的时候，必须充分考虑鸭场粪污的科学处理和利用的措施。粪污的处理方式可以根据生态养鸭的模式，因地制宜地采取以下方式。

（1）鸭粪处理实现农牧结合，就近还田利用 在果园、林间选址建场，减低生物安全风险，同时处理鸭粪的费用较小；鸭粪经过发酵、烘干等工艺，制成有机肥；鸭粪发酵产生沼气发电，沼渣生产有机肥，污水经粪池进入沼气池发酵，经污水处理系统后达标

排放。

（2）污水处理采用沉降池消毒处理达标后排放。

3. 生态放养的鸭场，应该充分考虑放养场地的配备

放牧场是鸭获取自然食物的场所，应有茂盛的青草、树木或果木，也可以人工种植牧草。牧草可以供鸭采食。放养场应地面平整，有一定的坡度，便于排水，以防场内雨后积水。放牧场四周要用塑料网、铁丝网、竹片、木栏等材料进行围挡，围栏高度要求既能阻挡鸭只钻出，又能防止野兽的侵入。

第三节　生态鸭场的科学规划与布局

养鸭场场址选定以后，要根据该场地的地形、地势和当地主风向，对鸭场内的各类房舍、道路、排水、排污等地段的位置进行合理的分区规划。同时还要对各种鸭舍的位置、朝向、间距等进行科学、合理的布局。养鸭场各种房舍和设施的分区规划，要从人、禽健康的角度出发，建立最佳生产联系和卫生防疫条件，来合理安排各区的位置。分区规划要有利于防疫、安全生产、工作方便。

一、鸭场的功能分区

鸭场的分区规划应做到节约用地，全面考虑鸭粪便的处理和利用，应因地制宜，合理利用地形地物，充分考虑今后的发展。一个完整、具有一定规模的养鸭场，一般分为生活区、生产区和隔离区。生活区应位于全场的上风向和地势较高的地段，依次为生产区和隔离区（图 2-1）。小型鸭场各区划分与大型鸭场基本一致，只是在布局时，一般将饲养员宿舍、仓库放在最外侧的一端，将鸭舍放在最里端，以免外来人员随便出入，也便于饲料、产品的运输和装卸。

1. 生活区

人员生活和办公的生活区应位于场区的上风向和地势较高的地段（地势和风向不一致时，以风向为主），设在交通方便的地方。

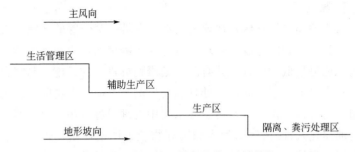

图 2-1　按地势、风向的分区规划图

生活区应处在对外联系方便的位置。大门前设车辆消毒池。场外的车辆只能在生活区活动，不能进入生产区。

2. 生产区

生产区是鸭场的核心。包括各种鸭舍、蛋库、饲料库、消毒、更衣室、饲养员休息室、水泵房、机修室等。生产区应该处在生活区的下风向和地势较低处，为保证防疫的安全，鸭舍的布局应该根据主风向和地势，按照育雏鸭舍、成年鸭舍的顺序配置。把雏鸭舍放在防疫比较安全的上风向处和地势较高处，能使雏鸭得到较新鲜的空气，减少发病机会，也能避免由成鸭鸭舍排出的污浊空气造成疫病传播。当主风向和地势发生矛盾时，应该把卫生防疫要求较高的雏鸭舍设在安全角（与主风向垂直的两个对角线上的两点）的位置，以免受上风向空气污染。雏鸭舍和成年鸭舍应有一定的距离。鸭场生产区入口应有与大门同宽的消毒池或消毒垫。鸭场生产区内应有防晒、防寒、防雨的栖息区（设有集中饮水点和饲喂点）。

饲料加工、贮存的房舍处在生产区上风处和地势较高的地方，同时与鸭舍较近的位置。由于防火的需要，干草和垫草堆放的位置必须处在生产区下风向，与其他建筑物保持 60 米的卫生间距。

生产区和生活区要分开，非生产人员不准随便进入生产区。

种鸭（蛋）场须设置与饲养规模相适应的戏水池。

3. 隔离区

病鸭的隔离治疗区，病死鸭高温、深埋、焚烧等的区域及设施设备，粪便污物的存放、处理区域等属于隔离区，应在场区的最下风向，地势最低的位置，并有防止健康鸭群进入的设施。与鸭舍保持300米以上的卫生间距。处理病死鸭的尸坑应该严密隔离。场地有相应的排污、排水沟及污、粪水集中处理设施（用于果林灌溉或化粪池净化）。隔离区的污水和废弃物应该严格控制，防治疫病蔓延和污染环境。隔离区的入口应有与大门同宽的消毒池或消毒垫。

二、防护设施

鸭场界要划分明确，养鸭场四周应建较高的围墙或挖深的防疫沟，以防止场外人员及其他动物进入场区。鸭场门口应设有禁止外人随意进入的标识。

在鸭场场大门及各区域、鸭舍的入口处，应设相应的消毒设施，如车辆消毒池、脚踏消毒槽或喷雾消毒室、更衣换鞋间等。车辆消毒池长应为通过最大车辆周长的1.5倍。

鸭场内的道路分人员出入、运输饲料用的清洁道（净道）和运输粪污、病死鸭的污物道（污道），净污分开与分流明确，互不交叉。

三、生态鸭场的规划重点

不同的生态养殖模式，规划时需要因地制宜，合理规划。

（1）不同模式的鸭场应充分利用自然条件中的场地和资源条件，与周围环境相协调。

（2）充分利用自然、天然的饲料资源，产生的鸭粪尿和污水能够作为有机肥被充分利用，形成植被、饲料、粪水有机肥、促进植被生长的良性循环。

（3）生态放养时，场区划分可根据放养场地具体情况而定。如林地、果园生态养殖的鸭场可以把鸭场生产区建在林间。

第四节　鸭舍的建筑类型和修建

一、鸭舍的基本要求

1. 鸭舍的位置适当

鸭舍要建在地势较高、地面干燥、易于排水的地方，下雨不致发生水灾和容易保持干燥，如果自然条件不能满足，应垫高地基和在鸭舍四周挖排水沟。注意选择在比较安静的地方，避开交通要道，人员往来不能过于频繁。

2. 便于清洁卫生

鸭舍地面以保持地面干燥为原则，要做好防潮处理，同时要高于鸭舍外地面25～30厘米，最好为水泥地面，并呈一定坡度，以便于消毒和向舍外排污，以便清理粪便。

3. 防寒保暖、通风良好

鸭舍要防寒保暖还要通风良好。放养时根据放养季节能够调节鸭舍的门窗进行适量通风换气，保持鸭舍空气新鲜和环境条件适宜。在放养地建育雏舍，一定要注意加强鸭舍保温隔热的能力。

4. 安全性能好

鸭舍和饲料间的门窗要安装铁丝网，以防鸟类和野生动物进入鸭舍和饲料间，侵害鸭只和糟蹋饲料。

二、鸭舍的布置

1. 鸭舍建筑材料

鸭舍的建筑材料应就地取材，根据饲养地建材资源条件和自然气候而定。北方养鸭区，冬季寒冷且时间较长，建筑材料尽量选砖瓦材料，保温性能好；长江流域，冬季时间短，鸭舍可在北面及东西两侧用砖墙，南面敞开；南方温度较高，可用简易棚舍，四周用竹竿围起、无实体墙。

2. 鸭舍的朝向

鸭舍朝向指鸭舍用于通风和采光的窗户朝着的方向。鸭舍的朝向与鸭舍的采光、保温和通风等环境效果有关。朝向的选择应根据当地的地理位置、气候条件等来确定。适宜的朝向要满足鸭舍的光照、温度和通风的要求。

我国地处北纬 20°～50°，太阳高度角（太阳光线与地平线的夹角）冬季小、夏季大，为保证鸭舍冬季获得较多的太阳辐射热，防止夏季太阳过分照射，鸭舍宜采用东西走向或南偏东 15°或南偏西 15°左右朝向较为合适。

鸭舍朝向不仅影响采光，而且与进入到鸭舍的风有关。冬季主风向对鸭舍迎风面造成压力，使墙由外向内渗透寒气，造成冬季鸭舍热量散失，温度下降。鸭舍长轴与冬季主风向平行或成 0°～45°角的方向，冷风渗入少，有利于保温。鸭舍长轴与夏季主风向平行或成 30°～45°角的方向，涡风少，通风均匀，有利于防暑。北方地区，冬春季风多为西北风，鸭舍以南向为好。

3. 鸭舍的间距

鸭舍的间距是两栋相邻鸭舍纵墙之间的距离。鸭舍合理的间距是鸭群防疫隔离的条件，能减少鸭舍之间的相互感染。鸭舍通过窗户排出污浊的空气和水汽，其中夹杂着灰尘和微粒，一些病原微生物会附着其中，如果鸭舍距离过近，就会通过空气流通进入相邻的鸭舍，引起传染病的发生。同时鸭舍间距离影响鸭舍通风和采光的效果。综合考虑以上因素，鸭舍的间距应保持为棚舍净高的 3～5 倍，能满足鸭舍的光照、通风和防疫的要求。若距离过小，会加大各舍间的干扰，对鸭舍采光、通风、防疫等不利。

林地建棚舍时可根据林地植被情况和饲养密度的情况，考虑分区轮牧，一般可间隔 150～200 米设置棚舍。如果鸭舍之间距离过近或连在一起，容易造成鸭只集中在一个范围觅食，造成过度放牧，破坏植被，影响鸭的生长，使鸭容易患病。

4. 鸭舍的跨度和长度

鸭舍的跨度一般不宜过宽，鸭舍高度较低，靠窗户自然通风，鸭舍跨度以 6～10 米为宜。这样舍内空气流通较好。鸭舍的长度没有严格的限制，考虑到工作方便和饲养的方式，一般以 20～50 米为宜。鸭舍的总面积依鸭的数量确定。

5. 鸭舍高度

鸭舍高度根据饲养方式、鸭舍大小、气候条件而定。一般鸭舍的净高（从地面到屋檐或天棚的距离）为2～2.4米。跨度大、炎热的地区，可增高到2.5米左右，加大鸭舍高度可以加强鸭舍的通风、缓和高温的影响。在寒冷地区，鸭舍的高度适当降低有利于保温。考虑人的进出和管理比较方便，不能低于2米。

6. 鸭舍数量和面积

舍内地面平养时，雏鸭、中鸭和蛋鸭饲养密度为：0～3周龄为每平方米20～30只，4～9周龄为每平方米10～15只，10～20周龄为每平方米8～12只，20周龄后为每平方米6～8只。

鸭舍面积的大小直接影响鸭的饲养密度，合理的饲养密度可保证雏鸭能有足够的活动范围、适宜的采食空间和充足的饮水，有利于鸭群的生长发育。密度过高后会限制鸭的活动，并造成空气污染，会诱发啄肛、啄羽等现象发生。同时，由于空间拥挤，弱小的鸭经常吃不到足够的饲料，体重不够，造成鸭群均匀度差。

7. 鸭舍屋顶形式

鸭舍屋顶形状较多，有单坡式、双坡式、双坡不对称式、拱式、平顶式等。一般最常采用双坡式，也可以根据当地的气候环境采用单坡式。单坡鸭舍一般跨度较小，适合小规模的养鸭场，双坡式鸭舍跨度较大，适合较大规模的鸭场。在南方干热地区，屋顶可高些以利于通风。北方寒冷地区可适当降低鸭舍高度以利于保温。

三、鸭舍的类型和特点

在进行鸭舍建筑设计时，可以根据情况选择鸭舍的类型，既要考虑为鸭提供良好的生长发育和繁殖的环境条件，又要考虑降低造价、减少投资。

应该根据养鸭的实际情况而定，切忌在建设鸭舍时盲目高要求，大投入，也不要过于忽视鸭舍的建造，随意搭建。

鸭舍分为简易鸭舍和固定鸭舍。

1. 简易鸭舍

行棚是一种简易、活动的鸭舍，没有固定的场址，随放牧的鸭群行动，是最简陋的一种鸭舍，适用于规模不大的鸭群。行棚用木条或竹竿制成行棚架，行棚架盖上苇箔帘或塑料布即成。

2. 固定鸭舍

一般按照封闭程度分为完全开放式鸭舍、半开放式鸭舍和有窗式鸭舍三种。

（1）开放式鸭舍　开放式鸭舍是能充分利用自然条件、辅以人工调控或不进行人工调控的鸭舍。完全开放式鸭舍也称敞棚式鸭舍，鸭舍只有端墙或四面无墙。鸭舍可以起到遮阳、避雨及部分挡风的作用。有的地区为了克服其保温能力差的弱点，可以在鸭舍前后加卷帘，利用温室效应，使鸭舍夏季通风好，冬季能保温。

开放式鸭舍用材少，造价低，适于炎热地区及温暖地区。我国南方地区天气炎热，多使用开放式鸭舍。

（2）半开放式鸭舍　三面有墙，正面全部敞开或有半截墙。一般敞开部分朝南，冬季有阳光进入鸭舍，夏季只照到屋顶。有墙的部分在冬季可挡风。一般在冬季可加卷帘、塑料薄膜等形成封闭状态，改善舍内温度。

（3）有窗式鸭舍　这种鸭舍通过墙、窗户、屋顶等围护结构形成全封闭状态，有较好的保温和隔热能力，通风和采光依靠门、窗或通风管。特点是防寒较易做到，而防暑较困难。有窗式鸭舍的窗户要安装铁丝网，以防止飞鸟和野兽进入鸭舍。

四、鸭舍的建造

1. 育雏鸭舍

育雏舍是饲养出壳到 4 周龄雏鸭的鸭舍。鸭舍要求有好的保温能力，地面容易保持干燥、通风良好。平面育雏的育雏舍，舍高 2.3～2.5 米为宜，跨度 6～9 米。育雏鸭舍不易过高，否则热空气体积变轻会聚居在鸭舍的上部，导致雏鸭经常活动的地面附近温度不够，浪费燃料，而且导致雏鸭发育不良。可建造有窗鸭舍，也可用大棚鸭舍育雏（图 2-2）。

图 2-2 大棚鸭舍育雏

2. 育成及成年鸭舍

育成鸭阶段生长快，生活力强，对温度要求不像育雏阶段那样严格，育成鸭舍的建筑比较简单，要能遮风挡雨，舍内保持干燥，冬季可以保温，夏季通风良好的简易建筑，都可用于饲养育成、成年鸭。

鸭舍的面积大小、长度和高度一般都随饲养的规模、饲养的方式、饲养的品种不同而异。

（1）简易鸭舍 主要在夏秋季节为鸭提供遮风避雨、晚间休息的场所。棚舍材料可以用砖瓦、竹竿、木棍、角铁、钢管、油毡、石棉瓦以及篷布、塑料布等搭建。棚舍四周要留通风口，要求棚舍保温挡风、不漏雨不积水。鸭舍四面挖出排水沟。简易鸭舍投资少、建造容易，适合小规模养鸭或轮牧饲养法（图 2-3）。

图 2-3　简易鸭舍

（2）塑料大棚鸭舍　大棚有装配式钢管塑料大棚和竹木结构的塑料大棚（图 2-4～图 2-7）两类，依据大棚的建造位置和经济条件选用合适的类型。一般塑料大棚高 2～2.5 米。风力大，雨、雪多的地区跨度 5～6 米；风力小，雨、雪少的地区跨度可大一些，一般为 7～10 米，长 30～50 米或不等，不宜过长。棚顶呈拱形。

（3）砖瓦结构鸭舍　样式和结构可根据不同地区的自然气候情况决定，要求通风良好，保温隔热，一般鸭舍高度为 2.5 米左右，长度和跨度视鸭晚上休息占地的空间来确定。气候温和地区鸭舍可不设南墙，也不设窗户，全部敞开。舍内地面比舍外高出 10～15 厘米，以利排水，防止舍内积水。每平方米可容纳 3 只肉种鸭或 6 只蛋鸭。可在鸭舍一角用围栏隔开，作为产蛋间，地面铺设干燥垫草，让鸭自由进入产蛋。也可沿墙四周设置产蛋箱。

图 2-4　大棚鸭舍（网上平养）外侧面

图 2-5　内景

图 2-6　大棚鸭舍（地面平养）外侧面

图 2-7　内景

3. 鸭场的运动场、水面

（1）运动场　鸭舍外设运动场，运动场适宜用三合土地面，便于清洗，无污泥。场上搭建遮阴篷，供鸭群雨天活动和采食饮水，夏天乘凉。面积一般为鸭舍面积的 1.5～2.5 倍。

（2）水面　合适的水面是养好鸭，特别是种用鸭的重要条件。

肉仔鸭和番鸭可以旱养，但必须全天供应清洁饮用水。

种鸭场在进行场址选择时，水面越大越利于扩大饲养规模。一般商品鸭场，可根据实际情况，合理利用各种不同大小的水面，提高养殖效益。一般每1000只蛋鸭所需的水面，应为池塘2亩以上、河渠1亩以上。种鸭需要更大的水面，是商品蛋鸭的1.5倍。一般1米左右的水深对鸭最为适宜，利于采食和完成交配。河流由于流动性大、水质好，30厘米以上就可放养，但种鸭必须在深水区域完成交配。湖泊放养要设置水围，限制鸭群在一定区域活动。

（3）鸭坡　鸭坡是连接陆上运动场和水上运动场的通道，用于完成鸭下水前的准备工作和上岸后的梳理。鸭坡一般用水泥或沙石铺设，做成倾斜的缓坡，坡度为20°～30°。鸭坡要深入到水面下10厘米。

种鸭舍必须具备足够面积的鸭滩和水围，供种鸭活动、洗澡、交配用（图2-8）。如果不具备水面条件，尤其是双列式种鸭舍，常常一半是河道（或湖泊、池塘），另一半是旱地，在这种条件下，需挖一条人工洗浴池，洗浴池的大小、深度根据种鸭的数量而定。

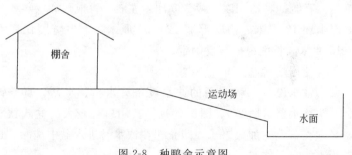

图 2-8　种鸭舍示意图

4. 避雨棚

在散养场地选择地势高燥的地方搭建数个避雨棚，供雷雨天气鸭避雨用。

五、养殖设备

1. 供暖设备

用于雏鸭舍的加热保温，火炉、火炕、火墙、电热育雏伞、红外线灯泡等均可选用，要注意火炉加热较易发生煤气中毒，必须加烟囱。

2. 喂料器和饮水器

应根据鸭的品种类型和不同日龄的雏鸭，配以大小和高度适当的喂料器和饮水器，要求所用水、喂料器适于鸭的平喙型采食、饮水特点，能使鸭头颈舒适地伸入喂料器、饮水器内采食和饮水，但最好不要使鸭任意进入喂料器、饮水器内。其形式和规格可因地而异。可购置专用饮水器和喂料器，或自行制作料槽和水槽，也可用木盘或塑料盆代替。

（1）喂料设备　塑料布和开食盘：塑料布和开食盘用于雏鸭开食。浅料盘适用于雏鸭开食，面积大小视雏鸭数量而定，一般每个料盘供35～40只雏鸭使用。

料桶和料槽可用于各个饲养阶段。料桶材料多为塑料或玻璃钢，容量较大，一次可添加较多饲料。料槽由木板或塑料制成。料槽的形状对鸭饲料的用量有影响，料槽过浅，没有护沿等会造成饲料浪费。育雏期料槽深度一般为5厘米左右，育成鸭和成年鸭分别为8厘米和12厘米。槽底部宽12～20厘米，上口宽度比底部宽10～15厘米。长度根据需要确定。

也可使用塑料盆。

（2）饮水设备　鸭常用的饮水设备有水槽、水盆、真空饮水器、乳头饮水器（图2-9、图2-10）等。用口径较大的盆式饮水器时，必须在盆上方加盖罩子，防止鸭在饮水时进入盆中洗澡。也可用鸭用水线自动饮水。

3. 产蛋箱（窝）

可采用开放式产蛋巢，即在过夜鸭舍一角用围栏隔开，地上铺以垫草，让鸭自由进入产蛋和离开，也可制作多个产蛋箱，让鸭选择产蛋。

4. 笼具

育雏可以用平面网上饲养，雏鸭饲养在鸭舍内距离地面一定高度的平网上，雏鸭不与地面粪便接触，可减少疾病传播。平网有塑

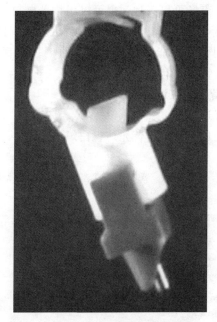

图 2-9 鸭用乳头饮水器

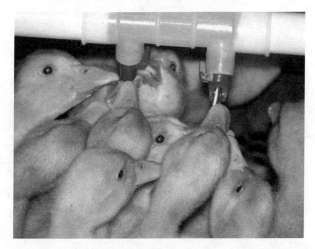

图 2-10 鸭用乳头饮水器

料网、金属网，市场可以买到，也可以用竹木自制。雏鸭也可用立体多层育雏鸭笼，提高了单位面积的育雏数量，鸭笼上部温度较高，能较好利用鸭舍热能，有利于雏鸭的生长发育。林地饲养阶段，鸭舍内不设鸭笼，有栖架。

5. 光照设备及诱虫设备

照明采用普通灯泡。

诱虫可以使用黑光灯、荧光灯、白炽灯等。

6. 其他

消毒设施：消毒池、紫外线消毒灯、火焰喷灯、喷雾消毒器等。

免疫、治疗设备：连续性注射器、普通注射器等。

称重设备：弹簧秤、杆秤、电子秤等。

粪便处理设施：粪便烘干机、沼气池等。

第三章

生态养鸭品种的选择

第一节　生态养鸭品种选择的原则

一、市场需求

养鸭要首先分析市场需求，事先要做细致的市场调查，找准市场定位，调查清楚市场对产品的需求情况。各地的消费习惯各不相同，对鸭产品的需求不一样，一定要根据实际调查结果，选择所要饲养的类型和品种，只有适销对路的产品，才能有较好的经济效益。如果饲养类型、品种不被市场接受，产品销路不好，也会导致饲养失败。

二、品种的适应性

任何一个品种都是在某一特定条件下培育或形成的，不同品种对气候条件、饲养管理和饲料等都有不同要求。我国南方和北方地区自然环境差异较大，气候条件不同，南方平均气温高，夏季炎热，多雨潮湿，北方平均气温低，干燥，冬季寒冷。不同品种对不同气候条件适应能力各不相同。选购雏鸭之前，在考虑市场需求的前提下，一定要详细了解品种的适应性，收集、阅读关于该品种的介绍资料，确定是否适应当地的气候条件、环境状况和饲料条件等，不可盲目引种或选购。

三、良好的生产性能

在各个品种鸭之间，生产性能会有一定的差别。樱桃谷肉鸭30日龄体重能够达到2000克，42日龄则超过3000克，而大多数的地方麻鸭15周龄的平均体重不足2000克。不同类型品种的鸭产品质量也不同，如连江白鸭的皮下脂肪含量远远低于樱桃谷肉鸭，选择生产性能高、产品品质好的品种对于提高生产水平是十分重要的。

四、到正规种鸭场选购雏鸭

一定要到正规的种鸭场选购雏鸭。选择有种畜禽生产经营许可证、种鸭引进与商品鸭销售手续齐全的种鸭场订购雏鸭，正式种鸭场的雏鸭品种特征明显，生产性能也比较稳定、可靠，鸭苗质量有保障。

总之，在选择品种时，一定要慎重，要结合当地的市场需求和当地的地域条件选择合适的品种，只有这样，才有可能通过生态养鸭走上致富之路。

第二节　鸭的品种及特点

我国鸭品种资源丰富，有12个鸭品种被列入《中国家禽品种志》。劳动人民在长期的生产实践中培育出许多生产性能优良的地方良种，如北京鸭、绍兴鸭、金定鸭、高邮鸭、建昌鸭、连城白鸭等。

一、蛋用型品种

1. 绍兴鸭（绍雌鸭、浙江麻鸭、山种鸭）

（1）产地（或分布）　原产于浙江省的绍兴、萧山、诸暨等地。

（2）主要特性　蛋用型品种（图3-1）。绍兴鸭属小型麻鸭品种，结构匀称、紧凑、结实，具有理想的蛋用鸭体型。体躯狭长，喙长，颈细，臀部丰满，腹略下垂，站立和行走时，躯干与地面呈

45°角，昂首时形状似琵琶。全身羽毛以褐色麻雀毛为基色，公母不同，类型间亦有区别。分两种类型：母鸭带圈白翼梢，颈中部有白羽圈，公鸭羽色深褐，头、颈羽墨绿色，主翼羽白色，虹彩蓝灰，喙黄色，胫、蹼橘红色；母鸭红毛绿翼梢，公鸭深褐羽色，头、颈羽墨绿色，喙、胫、蹼橘红色。

图 3-1　绍兴鸭

（3）生产性能　初生重 36～40 克，成年公鸭体重为 1301～1422 克，母鸭为 1255～1271 克。屠宰测定：成年公鸭半净膛率为82.5%、母鸭为 84.8%；成年公鸭全净膛率为 74.5%，母鸭为74.0%。140～150 日龄群体产蛋率可达 50%，年产蛋 250 枚，经选育后年产蛋平均近 300 枚，平均蛋重为 68 克。蛋形指数 1.4，壳厚 0.354 毫米，蛋壳白色、青色。公母配种比例为 1 ∶（20～30），种蛋受精率为 90% 左右。

（4）品种优缺点　绍兴鸭具有体型小、产蛋多、耗料少、成熟早和适应性强等特点，是我国优良的蛋用型鸭种。其中带圈白翼梢系觅食力强，放牧或圈养皆适宜，因此饲养面广、量大，饲养效益好，产业优势明显。

2. 金定鸭

（1）产地（或分布）　福建省龙海市。

（2）主要特性　该鸭种是适应海滩放牧的优良蛋用品种（图 3-2）。公鸭胸宽背阔，体躯较长；喙黄绿色，虹彩褐色；胫蹼橘红

图 3-2　金定鸭

色；喙甲、爪黑色；头部和颈上部羽毛具翠绿色光泽，无明显的白色颈圈；前胸红褐色，背部灰褐色，腹部羽毛灰白色，具细芦花斑纹；翼羽深褐色，有镜羽，尾羽性卷羽黑褐色。母鸭喙古铜色；胫、蹼橘红色；羽毛纯麻黑色。

（3）生产性能　初生公鸭重47.6克，母鸭重47.4克；成年公鸭体重为1760克，母鸭为1730克。屠宰测定：成年母鸭半净膛率为79%，全净膛率为72.0%，开产日龄100～120天。年产蛋260～300枚，蛋重72.26克。壳以青色为主，蛋形指数1.45。公母配种比例为1:25，种蛋受精率为89%～93%。

（4）品种优缺点　金定鸭具有抗病力、繁殖力强，产蛋多、蛋大、蛋品质好等优点。适应于半咸水生活，多以海滩放牧为主，也适合在水稻田、河渠、池塘及平原放牧或舍饲。

3. 攸县麻鸭

（1）产地（或分布）　产于湖南攸县境内的洣水沙河一带，在洞庭湖区、长沙、湘潭、汉寿、常德、益阳、岳阳、郴州等地以及邻近的江西、广东、贵州、湖北、陕西、浙江等省均有分布。

（2）主要特性　属小型蛋用品种（图3-3）。体型狭长、呈船形，羽毛紧密。公鸭喙呈青绿色，胫、蹼橙黄色，爪黑色；头颈上部羽毛呈翠绿色，富光泽；颈中下部具白环，颈下部和前胸羽毛赤褐色；尾羽和性羽黑绿色。母鸭全身羽毛黄褐色具椭圆形黑色斑块，胫、蹼橙黄色，爪黑色。鸭群中以深麻雀色母鸭居多，约占70%。

（3）生产性能　初生重38克，成年公鸭体重为1170克，母鸭为1230克。屠宰测定：90日龄公鸭半净膛率为84.85%、全净膛率为70.66%，85日龄母鸭半净膛率为82.8%、全净膛率为71.6%。开产日龄100～110天，年产蛋200～250枚，蛋重62克。蛋壳以白色居多，占90%，壳厚0.36毫米，蛋形指数1.36。公母配种比例为1:25，种蛋受精率为94%左右。

（4）品种优缺点　攸县麻鸭体型小、产蛋多、饲料报酬高、适应性强，是优良蛋用型地方品种，适应于稻田放牧饲养。

图 3-3　攸县麻鸭

4. 荆江鸭

（1）产地（或分布）　主产于湖北省。以江陵、监利和沔阳县为中心产区。分布于毗邻的洪湖、石首、公安、潜江和荆门等地。

（2）主要特性　蛋用型品种（图 3-4）。头清秀，喙石青色，胫、蹼橘黄色，全身羽毛紧密，眼上方有长眉状白羽。公鸭头颈羽毛有翠绿色光泽，前胸、背腰部羽毛红褐色，尾部淡灰色；母鸭头颈羽毛多呈泥黄色，背腰部羽毛以泥黄色为底色的麻雀羽。

（3）生产性能　初生重 39 克，成年公鸭体重为 1340 克，母鸭为 1440 克。屠宰测定：公鸭半净膛率为 79.6%、全净膛率为 72%，母鸭半净膛率为 79.9%、全净膛率为 72.3%。开产日龄

图 3-4　荆江鸭

100 天左右，年产蛋 214 枚，蛋重 63.6 克，壳色以白色居多，蛋形指数 1.4，壳厚 0.35 毫米。公母配种比例为 1：（20～25），种蛋受精率为 93％左右。

（4）品种优缺点　荆江鸭具有体型小、成熟早、产蛋多、适于放牧、善于觅食等特点。

5. 三穗鸭

（1）产地（或分布）　产于贵州省东部的三穗县。分布于镇远、岑巩、天柱、台江、剑河、锦屏、黄平、施秉、思南等 10 余县。

（2）主要特性　蛋用型品种，公鸭体躯稍长，胸部羽毛红褐色，颈中下部有白色颈圈；背部羽毛灰褐色，腹部羽毛浅褐色。母鸭颈细长，体躯近似船形，羽毛以深褐色麻雀羽居多，翅上有镜羽。胫、蹼橘红色，爪黑色。

（3）生产性能　初生重44.62克，成年公鸭体重为1690克，母鸭为1680克。屠宰测定：半净膛率成年公鸭为69.5%、母鸭为73.9%，全净膛率公鸭为65.6%、母鸭为58.7%。开产日龄110～120天，年产蛋200～240枚，平均蛋重为65.12克，壳以白色居多。壳厚0.31毫米，蛋形指数1.42。

（4）品种优缺点　三穗鸭具有生长快、成熟早、产蛋多、适应性强、适应丘陵河谷盆地水稻产区放牧饲养的特点。

6. 连城白鸭

（1）产地（或分布）　主产于福建省连城县。分布于长汀、上杭、永安和清流等县。

（2）主要特性　属中国麻鸭中独具特色的白色变种，蛋用型（图3-5）。体型狭长，公鸭有性羽2～4根。喙黑色，颈、蹼灰黑色或黑红色。

（3）生产性能　初生重为40～44克，成年体重公鸭为1440克，母鸭为1320克。屠宰测定：全净膛率公鸭为70.3%，母鸭为71.7%。120天左右开产，第一年产蛋220～230枚，第二年产蛋250～280枚，蛋重58克，壳以白色居多，蛋形指数1.46，公母配种比例为1：（20～25），种蛋受精率为90%以上。

（4）品种优缺点　连城白鸭羽色和外貌特征独特，体形小、产蛋量高，是一个适应山区放牧饲养的小型蛋用鸭种。

7. 莆田黑鸭

（1）产地（或分布）　产于福建省莆田县灵川、黄石、埭头等乡。分布于平潭、福清、长乐、连江、福州郊区、惠安、晋江、泉州等地及闽江口的琅岐、亭江、浦口等地。

（2）主要特性　蛋用鸭（图3-6）。全身羽毛浅黑色，胫、蹼、爪黑色。公鸭有性羽，头颈部羽毛有光泽。

（3）生产性能　初生重40克，成年公鸭体重为1340克，母鸭为1630克。70日龄屠宰测定：半净膛率为81.9%，全净膛率为

图 3-5　连城白鸭

75.3％。开产日龄 120 天左右，年产蛋 270～290 枚，蛋重 70 克，蛋壳白色。公母配种比例为 1 :（25～35），种蛋受精率为 95％。

（4）品种优缺点　莆田黑鸭耐粗饲、耐高温高湿、产蛋量高，是一个适应硬、软质海滩放牧、耐盐性强的小型蛋用鸭种。

8. 山麻鸭

（1）产地（或分布）　产于福建省龙岩市。龙岩其他地区也有分布。

（2）主要特性　蛋用型鸭种（图 3-7）。头中等大，颈修长，胸较浅，躯干呈长方形；头颈上部羽毛为孔雀绿，有光泽，有白颈圈。前胸羽毛赤棕色。尾羽、性羽为黑色。母鸭羽色有浅麻色、褐

图 3-6 莆田黑鸭

麻色、杂麻色三种。胫、蹼橙红色，爪黑色。

（3）生产性能 初生重 45 克，成年公鸭体重为 1430 克，母鸭为 1550 克。屠宰测定：半净膛率为 72%，全净膛率为 70.30%。100 日龄开产，年产蛋 243 枚，蛋重 54.5 克，蛋形指数 1.3。公母配种比例为 1∶25，种蛋受精率约为 75%。

（4）品种优缺点 山麻鸭是一个小型蛋用地方鸭种，适于梯田放牧，善于在崎岖山路行走，十分适应山区自然环境。可终年放牧，觅食能力很强，产蛋量较高。在平原地区饲养，生产性能也表现良好。但个体间差异较大，需在保种的同时，做好选育提高工作。

(a) 公鸭　　　　　　　(b) 母鸭

图 3-7　山麻鸭

9. 微山麻鸭

（1）产地（或分布）　产于山东省南四湖地区，即南阳湖、独山湖、昭阳湖和微山湖。

（2）主要特性　小型蛋用麻鸭（图 3-8）。体型较小。颈细长，前胸较小，后躯丰满，体躯似船形。羽毛颜色有红麻和青麻两种。母鸭毛色以红麻为多，颈羽及背部羽毛颜色相同，喙豆青色最多，黑灰色次之。公鸭红麻色最多，头颈乌绿色，发蓝色光泽。胫趾以橘红色为多，少数为橘黄色，爪黑色。

（3）生产性能　初生重 42.3 克，成年公鸭体重为 2000 克，母鸭为 1900 克。屠宰测定：成年公鸭半净膛率为 83.87%、全净膛率为 70.97%，母鸭半净膛率为 82.29%、全净膛率为 69.14%。150～180 日龄开产，年产蛋 180～200 枚，平均蛋重 80 克。蛋壳颜色分青绿色和白色两种，以青绿色为多。蛋形指数 1.3～1.41。公母配种比例为 1∶（25～30），种蛋受精率可达 95%。

（4）品种优缺点　微山麻鸭体小、早熟，适应性强，产蛋较多，且遗传性稳定，既适应水中放牧，也可实行陆地圈养。

10. 文登黑鸭

（1）产地（或分布）　产于山东省文登市。乳山、牟平也有

(a) 公鸭　　　　　　　(b) 母鸭

图 3-8　微山麻鸭

分布。

（2）主要特性　小型蛋用鸭种（图 3-9）。全身羽毛以黑色为主，有"白嗉"、"白翅膀尖"的特征，头呈方圆形，眼大有神，虹彩为深褐色，喙以青黑色为主，深黑色较少，颈细中等长，蹼为黑色或蜡黄色，全肤浅黄色。公鸭体型较大、头颈羽毛为青绿色，尾部有 3～4 根雄性羽，体格健壮，体态匀称。

(a) 公鸭　　　　　　　(b) 母鸭

图 3-9　文登黑鸭

（3）生产性能　成年公母鸭体重分别为 1900 克和 1760 克，公母鸭体斜长分别为 22.05 厘米和 20.24 厘米。公母鸭全净膛率分别为 71.82％和 66％。在正常饲养条件下，公鸭 120 天有性行为，50％的母鸭开产日龄为 140 天。种蛋受精率平均为 95.05％，出雏率为 82.3％。平均产蛋量为 210.39 枚，优秀个体可达 282 枚，平均蛋重 80.2 克左右。蛋型为椭圆形，蛋壳以淡绿色为主。

（4）品种优缺点　具有耐粗抗病、觅食力强的优良特性，产蛋量较高，母鸭无就巢性，适于淡水或沿海滩涂野外散养。

11. 恩施麻鸭

（1）产地（或分布）　中心产区为湖北省利川县南坪、汪营、柏扬、凉雾等地，分布于恩施自治州的恩施、利川、来凤、宣恩、咸丰等县市。

（2）主要特性　属小型蛋用型鸭种（图 3-10）。前躯较浅，后躯宽广，羽毛紧凑，颈较短而粗，公鸭头颈绿黑色，颈有白颈圈，背、腹部呈青褐色，每片羽毛的边缘有极细的白羽毛，远看像鱼鳞片状。尾部有 2～4 根卷羽上翘。母鸭颈羽与背羽颜色相同，多为麻色，胫、蹼黄色。

(a) 公鸭　　　　　(b) 母鸭

图 3-10　恩施麻鸭

（3）生产性能　成年鸭体重为公鸭 1362 克，母鸭 1615 克。屠宰测定：半净膛率公鸭为 85.0%、母鸭为 84.0%，全净膛率公鸭为 77.0%、母鸭为 76.0%。开产日龄 180 天，年产蛋 183 个，蛋重 65 克，蛋壳多为白色，也有少数青色。

（4）品种优缺点　恩施麻鸭具有体小而灵活、觅食能力强、产蛋性能好、无就巢性等特点，适合山区饲养。

12. 宜春麻鸭

（1）产地（或分布）　主产区位于江西省宜春市。用宜春麻鸭所产的蛋加工成五彩糠壳松花皮蛋久已闻名于世，畅销国内外。

（2）主要特性　羽毛多为黄麻色或黑麻色，羽毛紧贴，喙青铜色，其前端有一块似三角形的黑斑。眼外突、黑褐色，颈较短稍粗，有的有项圈状白毛，前胸较小，背前高渐向后倾斜。全身皮肤粉红色，跖与蹼橘红色。体小且狭长，体质细致紧凑，行动敏捷。

（3）生产性能　成年公鸭体重为1000～1200克，母鸭为800～1000克。母鸭开产日龄为120天左右。年产蛋180～200枚，最高可达250枚，平均蛋重55克。

13. 洞庭麻鸭

（1）产地与分布　主产于洞庭湖区的华容、南县、沅江、益阳、湘阴、常德、江寿等地。据品种资源调查表明，其祖先为蓝田鸭和攸县鸭。

（2）主要特性　为斜立的长楔形，头如大豆形。母鸭喙色以橘黄、淡黄褐、淡黄绿色为主，少部分有褐黑斑。公鸭以橘黄、淡黄褐、淡黄绿色为主，少部分为褐黑色。虹彩为淡黄褐色或浓茶黄色，白色羽毛者虹彩为天蓝色。母鸭羽毛为黄褐色，间有麻黑斑，也有少量铁丝麻、纯白色、黑色；公鸭为绿颈、黑尾、紫胸背、淡褐灰腹，也有少量黑头、灰头、麻头，全身羽毛色都较浅。脚色为橘红、黄褐色，雏鸭羽毛多为米黄色或麻褐色。

（3）生产性能　初生雏重36～38克，成年鸭体重1500克。母鸭开产日龄为150天。年产蛋140～220枚，蛋重66克。料蛋比一般为3∶1。

14. 卡基·康贝尔鸭

卡基·康贝尔鸭，种质原产地英国，是著名的蛋用型引进鸭种。

（1）主要特性　体躯较高大，深广而结实。头部秀美，面部丰润，喙中等大，眼大而明亮，颈细长而直，背宽广、平直、长度中等。胸部饱满，腹部发育良好而不下垂。两翼紧贴、两腿中等长、距离较宽。公鸭的头、颈、尾和翼肩部羽毛都为青铜色，其余羽毛为暗褐色，喙蓝色（越优者其颜色越深），胫和蹼为深橘红色。母鸭的羽毛为暗褐色，头颈是稍深的黄褐色，喙绿色或浅黑色，翼黄褐色，脚和蹼近似体躯的颜色。

（2）生产性能　成年公鸭体重 2400 克，母鸭 2300 克。母鸭开产日龄为 120～140 天，年平均产蛋 260～300 枚，蛋重 70 克左右，蛋壳为白色。

（3）品种优缺点　产蛋性能较好、皮薄骨细、瘦肉多、脂肪少。

15. 江南Ⅰ号和江南Ⅱ号

江南Ⅰ号和江南Ⅱ号是由浙江省农业科学院畜牧兽医研究所主持培育的配套杂交高产商品蛋鸭。

（1）主要特性　江南Ⅰ号母鸭羽色浅褐，斑点不明显。江南Ⅱ号母鸭羽色深褐，黑色斑点大而明显。

（2）生产性能　江南Ⅰ号鸭 500 日龄产蛋数平均为 306.9 枚，产蛋总重平均为 21.08 千克。300 日龄平均蛋重 72 克。江南Ⅱ号鸭 500 日龄产蛋数平均为 328 枚，产蛋总重平均为 22 千克。300 日龄平均蛋重 70 克。江南Ⅰ号和江南Ⅱ号鸭成熟时体重 1660 克。

二、兼用型品种

1. 高邮鸭（台鸭、绵鸭）

（1）产地（或分布）　主产于江苏苏北里下河地区。

（2）主要特性　兼用型品种（图 3-11）。公鸭呈长方形，头颈部羽毛深绿色，背、腰、胸褐色芦花羽，腹部白色。喙青绿色，胫、蹼橘红色，爪黑色。母鸭羽毛紧密，全身羽毛淡棕黑色，喙青色，爪黑色。

（3）生产性能　成年公鸭体重为 2365 克，母鸭为 2625 克。屠宰测定：半净膛率为 80% 以上，全净膛率为 70%。开产日龄 108～140 天，年产蛋 140～160 枚，蛋重 75.9 克，蛋壳白、青两种，以白色居多。蛋形指数 1.43。公母配种比例为 1：（25～30），种蛋受

图 3-11　高邮鸭

精率为 $92\%\sim94\%$。

（4）品种优缺点　高邮鸭是兼用型麻鸭，善潜水、觅食性强，繁殖力高、抗逆，具有产优质蛋和双黄蛋特点，但体重大，饲料转化比差，习惯上作肉用鸭生产，且蛋较大，适合加工再制，腌制的咸蛋、皮蛋品质优良。

2. 建昌鸭

（1）产地（或分布）　主产四川凉山彝族自治州。建昌鸭历史悠久，属麻鸭类型中偏肉用型的鸭种，外貌特征与生产性能比较一致和稳定。

（2）主要特性 属偏肉用型的鸭种（图3-12）。体躯宽阔，头大、颈粗。公鸭头颈上部羽毛墨绿色，有光泽，颈下部多有白色颈圈。尾羽黑色，2～4根性羽，腹部羽毛银灰色。母鸭浅褐麻雀色居多，有少量白羽和白胸黑羽，公鸭头、颈墨绿色。胫、蹼橘红色。

图3-12 建昌鸭

（3）生产性能 初生重为47.3克。成年公鸭体重为2410克，母鸭为 2035 克。6 月龄屠宰测定：全净膛率公鸭为 72.80％、母鸭为 74.08％；半净膛率公鸭为 78.95％、母鸭为 81.41％。150～180 日龄开产，500 日龄产蛋 144 枚，蛋重 72.9 克，壳色以青色为主，占 60％～70％。壳厚 0.39 毫米，蛋形指数 1.37。公母配种比例为 1∶（7～9），种蛋受精率为 90％左右。

（4）品种优缺点　该鸭具有体型大、颈粗短、韧性强、便于填肥操作、易肥育、肥肝大等可贵的经济性状，是生产肥肝和制作板鸭的优良品种。

3. 大余鸭

（1）产地（或分布）　产于江西大余县。分布于大余县周围的遂川、崇义、赣县、永新等赣西南各县及邻近的广东省南雄县。

（2）主要特性　该鸭以腌制板鸭而闻名，公鸭头颈背部羽毛红褐色，少数头部有墨绿色羽毛，翼有墨绿色镜羽。母鸭全身褐色，翼有墨绿色镜羽（图 3-13）。

（3）生产性能　初生重 42 克，成年公鸭体重为 2147 克，母鸭为 2108 克。屠宰测定：半净膛率公鸭为 84.1％、母鸭为 84.5％，全净膛率公鸭为 74.9％、母鸭为 75.3％。开产日龄 205 天，年产蛋 121.5 枚，蛋重 70.1 克，壳白色，厚度 0.52 毫米。公母配种比例为 1∶10，种蛋受精率约为 83％。

（4）品种优缺点　鸭皮薄肉嫩，肉质好，但产蛋量较低，是加工板鸭的优质原料。

4. 昆山鸭

昆山鸭又称昆山大麻鸭，是江苏省苏州地区培育的肉蛋兼用型品种。该品种是由北京鸭与当地的娄门鸭杂交培育而成的。

（1）主要特性　体型大，似父本北京鸭，头大，颈粗，体躯长方形，宽而且深，羽毛似母本娄门鸭，公鸭头颈部羽色墨绿，有光泽，体躯背部和尾部黑褐色，体侧灰褐色有芦花纹，腹部白色，翼部镜羽墨绿色。母鸭全身羽色深褐、缀黑色雀斑，眼上方有白眉，翼部有墨绿色镜羽。公母鸭的喙皆为青绿色，胫、蹼橘红色。

（2）生产性能　性成熟期 6 个月左右，年产蛋 140～160 枚，

图 3-13 大余鸭

蛋重 80 克左右，蛋壳浅褐色，少数青色。成年公鸭体重 3500 克，母鸭 3000 克。

5. 白沙鸭

白沙鸭是广东省澄海县白沙良种场用当地的潮汕麻鸭母鸭与北京鸭公鸭杂交育成的肉蛋兼用型新品种。

（1）主要特性 白沙鸭具有体型大、产肉能力强、肉质好、产蛋多等优良性能，褐色麻羽，眼上方有由白色羽毛组成的斑纹，似眉毛，故又称此鸭为白眉鸭。白沙鸭，喙长而扁平，尾短脚矮，趾间有蹼，蹼橙红色，翅小，覆盖羽大，主、副翼羽呈光艳的紫蓝色。

（2）生产性能 成鸭体重 2500～3000 克，母鸭年产蛋 200～240 枚，蛋重 80 克以上，料蛋比为 1：（3.5～4.0），成年公鸭平均体重 2500 克，母鸭 2600 克。

6. 兴义鸭

（1）产地（或分布）　主要分布在贵州省西南部的兴义、安龙、兴仁、贞丰4县（市）。

（2）主要特性　属小型蛋肉兼用型鸭种。体型方圆，头粗大，颈粗短，羽毛疏松。胸宽深而微挺，背短，虹彩褐色。绿头公鸭占90%，头颈上部羽毛和尾羽有墨绿色发光的羽毛，颈中部有白色颈圈。胸部毛褐色。背部为黑、褐、白相间的羽毛。母鸭深麻色占70%以上。喙青黄色，喙豆黑色，胫、蹼橘黄色，爪黑色。

（3）生产性能　成年鸭体重为公鸭1620克，母鸭1560克。屠宰测定：半净膛率公鸭为83.1%、母鸭为73.6%，全净膛率公鸭为68.1%、母鸭为58.8%。开产日龄春孵鸭为145～150天，秋孵鸭为180～200天。年产蛋170～180枚，蛋重70克，蛋壳为乳白色和浅绿色，多数为乳白色。

7. 巢湖鸭

（1）产地（或分布）　主要产地为安徽省中部、巢湖周围的庐江、巢县、肥西、舒城、无为、和县、含山等县。

（2）主要特性　兼用鸭种（图3-14）。体型中等大小，公鸭头颈上部墨绿色有光泽，前胸和背腰褐色带黑色条斑，腹部白色。母鸭全身羽毛浅褐色带黑色细花纹，翅有蓝绿色镜羽。喙黄绿色，胫、蹼橘红色，爪黑色。

（3）生产性能　初生重为48.9克，成年公鸭体重为2420克，母鸭为2130克。屠宰测定：半净膛率为83%，全净膛率为72%以上。105～144日龄开产，年产蛋160～180枚，平均蛋重70克左右，蛋形指数1.42，壳色以白色居多，青色少。公母配种比例为1:（25～30），种蛋受精率为92%左右。

（4）品种优缺点　该品种放牧性能好、生产力高、肉质佳良。

8. 四川麻鸭

（1）产地（或分布）　主产于四川省绵阳、温江、乐山、宜宾、内江、涪陵、万县、达县和永川等地，广泛分布于四川省水稻种植区。

图 3-14 巢湖鸭

（2）主要特性 兼用型鸭种。体格较小，体质坚实紧凑。母鸭羽色以麻褐色居多，体躯、臀部的羽毛均以浅褐色为底，上具黑色斑点。颈下部有白色颈圈。公鸭毛色有"青头公鸭"和"沙头公鸭"两种。青头公鸭的头颈部有部分羽毛为翠绿色。腹部为白色羽毛，前胸为红棕色羽毛。

（3）生产性能 成年公鸭体重为 1680～2100 克，母鸭为1860～2000 克。屠宰测定：6 月龄公鸭全净膛率为 70.6%，母鸭为 70.56%。母鸭无抱性，年产蛋 120～150 枚，蛋重 71.8～74.88克，壳多为白色，少数为青色，蛋壳厚 0.4 毫米。公母配种比例为1:10，种蛋受精率为 90% 以上，蛋形指数 1.4。

（4）品种优缺点 四川麻鸭数量大、分布广，具有体型轻小、善行走、放牧性能极强、早熟等优点，对稻田野营放牧饲养有良好的适应性。

9. 沔阳麻鸭

（1）产地（或分布）　产于湖北省沔阳、荆州等地。

（2）主要特性　兼用型品种，体型长方。头颈上半部和主翼羽为孔雀绿色，有金色光泽，颈下半部和背腰部为棕褐色。母鸭全身为斑纹细小的条状麻色。喙青黄色、胫橘黄色，蹼乌爪黑。

（3）生产性能　初生重 48.58 克，成年公鸭体重为 1693 克，母鸭为 2088 克。屠宰测定：半净膛率公鸭为 80.74%、母鸭为 80.33%，全净膛率公鸭为 73.01%、母鸭为 75.89%。115～120日龄开产，平均年产蛋 162.97 枚，蛋重 74～79.58 克，壳色以白色居多，蛋形指数 1.41。公母配种比例为 1：（20～25），种蛋受精率约为 92.65%。

（4）品种优缺点　沔阳麻鸭具有体型较大、生长较快、适应性强、产蛋较多等特点，适宜野外散养。

10. 临武鸭

（1）产地（或分布）　产于湖南省临武县的武水两岸的武源、武水、双溪、城关、南强、土桥、沙田等地，全县均有分布。

（2）主要特性　体型较大，躯干较长，后躯比前驱发达，呈圆筒状。公鸭头颈上部和下部以棕褐色居多，也有呈绿色者，颈中部有白色颈圈，腹部羽毛为棕褐色。也有灰白色和土黄色。性羽 2～3 根。母鸭全身麻黄色或土黄色。喙和脚多呈黄褐色或橘黄色（图3-15）。

（3）生产性能　初生重 42.67 克，成年公鸭体重为 2500～3000 克，母鸭为 2000～2500 克。屠宰测定：半净膛率公鸭为 85%、母鸭为 87%，全净膛率公鸭为 75%、母鸭为 76%。开产日龄 160 天，年产蛋 180～220 枚，平均蛋重 67.4 克，壳以乳白色居多，蛋形指数 1.4。公母配种比例为 1：（20～25），种蛋受精率约为 83%。

（4）品种优缺点　该品种体型较大，肉质好，产蛋量较高，母鸭无就巢性。

(a) 公鸭　　　　　　　　　　　　　　(b) 母鸭

图 3-15　临武鸭

11. 淮南麻鸭（固始鸭）

（1）产地（或分布）　产于河南固始县及信阳市其他县市。淮南麻鸭属麻鸭类，中等体型，蛋肉兼用。

（2）主要特性　兼用型麻鸭。母鸭多为褐麻色。公鸭黑头，白颈圈，颈和尾羽黑色，白胸腹。母鸭全身褐麻色。胫、蹼黄红色，喙青黄色。

（3）生产性能　初生重 42 克。成年公鸭体重为 1550 克，母鸭为 1380 克。屠宰测定：半净膛率公鸭为 83.1％、母鸭为 85.1％，全净膛率公鸭为 73％、母鸭为 72％。年产蛋 130 枚，平均蛋重 61 克，蛋壳青色。

（4）品种优缺点　适应性强、耐粗饲、易饲养、生长快、宜放牧、觅食力强。

12. 吉安红毛鸭

吉安红毛鸭具有遗传性能稳定、生产性能良好、耐粗饲、觅食力强、肉嫩、瘦肉率高、羽毛生长与体重增长同步等特点，是加工板鸭的优质原料。

（1）主要特性　体型短圆、颈粗短，大小适中，紧凑、前胸宽、胸肌发达。毛色褚红,肩背毛色棕红,翅、躯干羽为淡红色,部分个体颈部有白圈,腹部体绒为灰白色。

(2) 生产性能 放牧饲养 90 日龄平均体重为 1350～1550 克,120 日龄(91～120 日龄育肥 30 天)平均体重 1750～1900 克。500 日龄产蛋量 230～240 枚,蛋重 63.5 克。120 日龄全净膛率为 75%,屠宰瘦肉率 90 日龄母鸭为 23%、公鸭为 21%。

13. 中山麻鸭

(1) 产地(或分布) 主要分布于珠江三角洲一带,省内各地也有饲养。

(2) 主要特性 兼用型鸭种(图 3-16)。公鸭头、喙稍大,体躯深长,头羽花绿色,颈、背羽褐麻色,颈下有白色颈圈。胸羽浅褐色,腹羽灰麻色,镜羽翠绿色。母鸭全身羽毛以褐麻色为主,颈下有白色颈圈。喙灰黄色,胫、蹼橙黄色。

(a) 公鸭　　　　　　　　　(b) 母鸭

图 3-16　中山麻鸭

(3) 生产性能 在群鸭放牧情况下,初生鸭平均体重 48.4 克。成年鸭体重为 1700 克。屠宰测定:63 日龄公鸭半净膛率为 84.37%、全净膛率为 75.7%,母鸭半净膛率为 84.48%、全净膛率为 75.37%。开产日龄为 130～140 天,年产蛋 180～220 枚,平

均蛋重 70 克，蛋壳白色，蛋形指数 1.5。公母配种比例为
1：（20～25），种蛋受精率为93％。

（4）品种优缺点　中山麻鸭具有产蛋多、生长快、易肥育、肉
质好等优点。

14. 靖西大麻鸭

（1）产地（或分布）　分布于广西靖西、德保、那坡等县。靖
西大麻鸭的体型大、蛋较重，早期生长快、生产肥肝能力强、产蛋
能力中等。

（2）主要特性　偏肉用型兼用鸭种。体型硕大，躯干呈长方
形，羽色分三种类型，即深麻型（马鸭）、浅麻型（凤鸭）和黑白
型（乌鸭）。头部羽色分别为乌绿色、细点黑白花、亮绿色，胫、
蹼分别为橘红色或褐色、橘黄色、黑褐色。

（3）生产性能　初生重48克，成年公鸭体重为2700克，母鸭
为2500克。屠宰测定：90日龄公鸭半净膛率为84.08％、全净膛
率为72.77％，母鸭半净膛率为80.21％、全净膛率为72.16％。
130～140日龄开产，平均年产蛋140～150枚，平均蛋重86.7克。
壳色青、白均有，蛋形指数1.4。公母配种比例为1：（10～20），
种蛋受精率约为95％。

15. 白洋淀麻鸭

（1）产地（或分布）　因主产于河北省安新县、雄县、任丘境
内的白洋淀一带而得名。高阳、文安、容城、大城等环白洋淀的洼
淀地区及周围其他地区也有分布。白洋淀麻鸭的形成可能来源于江
苏的高邮麻鸭和山东的微山麻鸭，距今约有100多年的历史。

（2）主要特性　属肉蛋兼用型品种。体型较小，后躯较大，呈
楔形；头中等大小；喙黄色、黑色或青绿色；颈细长。公鸭头部多
为青绿色，颈部常有一圈白色羽毛。母鸭羽毛类似麻雀。肤色黄
色、白色，以黄色居多。蹼黄色或黑色。雏鸭约100日龄长齐全身
羽毛。

（3）生产性能　成年公鸭重2080克，母鸭重1850克。屠宰测
定：全净膛率为74.0％，半净膛率为83.1％。母鸭平均开产日龄

275 天。平均产蛋，第一个产蛋年 100 枚，第二个产蛋年 120～130 枚，第三个产蛋年 130～150 枚，第四个产蛋年 110～120 枚，第五个产蛋年 100～110 枚。产蛋季节一般集中在 3 月上旬至 7 月中旬。平均蛋重 77 克。平均蛋壳厚度 0.41 毫米，平均蛋形指数 1.42。蛋壳青色、白色或浅褐色。公鸭 90 日龄即开始有爬跨母鸭行为。公母鸭配种比例为 1:（15～20）。平均种蛋受精率为 80%，平均受精蛋孵化率为 90%。公鸭利用年限为 1～2 年，母鸭为 2～3 年。

16. 兴义鸭

（1）产地（或分布）　主要产于贵州省兴义、安龙、兴仁、贞丰 4 县市，分布于盘县、普安、晴隆、关岭、镇宁、册亨、望谟等县，与之毗邻的云南省富源、开远和广西僮族自治区的罗平、峨山等县也有分布。

（2）主要特性　兼用型鸭种。体型方圆，羽毛疏松，头粗大，颈粗短。公鸭绿头占 90%，头颈上部羽毛和尾羽有墨绿色发光的羽毛，颈中部有白色颈圈。胸部毛褐色。背部为黑、褐、白相间的羽毛。母鸭深麻色占 70% 以上。喙青黄或黄色，胫、蹼橘黄色，爪黑色。

（3）生产性能　出壳重 45 克，成年公鸭体重为 1620 克，母鸭为 1560 克。屠宰测定：半净膛率公鸭为 83.11%、母鸭为 73.6%，全净膛率公鸭为 68.0%、母鸭为 58.5%。开产日龄春孵鸭为 145～150 天，秋孵鸭为 180～200 天，年产蛋量 170～180 枚，以 9、10 月份产蛋最高，平均蛋重 70 克，蛋壳为乳白色和浅绿色，多数为乳白色，蛋形指数 1.4。公母配种比例为 1:（10～15），种蛋受精率约为 84%。

（4）品种优缺点　兴义鸭数量多、分布广，具有产蛋多、生长快、育肥能力强、宜于放牧等特点。加工成板鸭，畅销省内外。但生长发育不够整齐，毛色和生产性能尚不一致。应加强本品种选育，进一步提高其生产性能，使其优良性能得到巩固和发展。

17. 汉中麻鸭

（1）产地（或分布） 主产于陕西省汉江两岸。汉中麻鸭是在汉中地区特有的生态条件下，经过长期选优淘劣而形成的蛋肉兼用地方优良鸭种。但因缺乏系统选育，性成熟较晚，蛋较轻。

（2）主要特性 兼用型鸭种。体型较小，羽毛紧凑。毛色麻褐色居多，头清秀，喙呈橙黄色。喙、胫、蹼多为橘红色，少数为乌色，毛色麻褐色，体躯及背部土黄色并有黑褐色斑点。公鸭有性羽2～3根，呈墨绿光泽。

（3）生产性能 初生重为38.7克。300日龄体重公鸭为1172克，母鸭为1157克。成年公鸭体重为1000克，母鸭为1400克。屠宰测定：半净膛率公鸭为87.71%、母鸭为91.31%，全净膛率公鸭为78.17%、母鸭为81.76%。160～180日龄开产，年产蛋220枚，平均蛋重68克，蛋壳颜色以白色为主，还有青色，蛋形指数1.4。公母配种比例为1∶（8～10），种蛋受精率约为72%。

18. 云南麻鸭

（1）产地（或分布） 产于云南省曲靖、玉溪、昆明等地。

（2）主要特性 公鸭胸深，体躯长方形，头颈上半段为深孔雀绿色，有的颈部有一白环；体羽深褐色，腹部灰白色；尾羽黑色。尾部有2～3片向上卷的羽毛；翼羽常见黑绿色，镶白边，白色黑边，褐色银边。母鸭羽毛紧密，胸腹丰满，臀部方形，全身麻色带黄、黑斑纹；羽毛呈黄色者为黄麻鸭，羽毛呈黑色为黑麻鸭。

（3）生产性能 成年公鸭体重为1580克，母鸭为1550克。30～40日龄仔鸭即可上市。屠宰测定：半净膛率成年公鸭为86.4%、母鸭为82.5%，全净膛率公鸭为78.4%、母鸭为72.9%。150日龄开产，年产蛋120～150枚，平均蛋重72克。壳色为淡绿、绿、白色三种，蛋形指数1.44。公母配种比例为1∶12，种蛋受精率为70%～92%。

（4）品种优缺点 生长快，成熟早，适应性强，适宜放牧，肉质细嫩，但产蛋量不高。

三、肉用型品种

1. 北京鸭

（1）产地（或分布）　全国各地均有饲养，其中以北京、天津、上海、广东和辽宁饲养较多。

（2）主要特性　肉用型（图 3-17）。体型硕大丰满，体躯呈长方形。全身羽毛丰满，羽色纯白并带有奶油光泽；胫、喙、蹼橙黄色或橘红色。

图 3-17　北京鸭

（3）生产性能　初生重 58～62 克，150 日龄公鸭体重为 3490 克，母鸭为 3410 克。屠宰测定：半净膛率公鸭为 80.6％、母鸭为 81％，全净膛率公鸭为 73.8％、母鸭为 74.1％。开产日龄 150～180 天，年产蛋 180 枚，蛋重约 90 克，蛋形指数 1.41，壳厚

0.358 毫米。公母配种比例为 1 : (7～8)，种蛋受精率为 90％
以上。

（4）品种优缺点　北京鸭是世界肉鸭业的主导品种，具有生长
快、肉质好、繁殖率和饲料利用率高等优点。

2. 广西小麻鸭

（1）产地（或分布）　主产于广西西江沿岸的平南、桂平、藤
县与苍梧等县，分布于钦州、合浦、临桂、平南、融安、环江、荔
浦等县。

（2）主要特性　肉用型。分为大型与小型两种。公鸭羽色较
深，呈棕红色或黑灰色，有的公鸭有白颈圈。公鸭头部及副翼羽上
有翠绿色的镜羽，尾部有 2～4 根性羽向上翘起。母鸭有黄褐色麻
花和黑色麻花，个别母鸭有白眉。母鸭喙、胫、蹼颜色为橘红色，
少数为青色或褐色，公鸭胫、蹼颜色较深。

（3）生产性能　成年公鸭体重为 1410～1800 克，母鸭为 1370～
1710 克。屠宰测定：半净膛率公鸭为 80.42％、母鸭为 77.57％，全净
膛率公鸭为 71.9％、母鸭为 69.04％。120～150 日龄开产，年产蛋
160～220 枚，蛋重 65 克，蛋壳以白色居多，蛋形指数 1.5。公母配
种比例为 1 : (15～20)，种蛋受精率为 80％～90％。

（4）品种优缺点　广西小麻鸭生长快，适于稻田、滩涂与水面
放牧饲养。

3. 狄高鸭

（1）主要特性　体形大，外貌近似樱桃谷鸭。体羽洁白，头大
而扁长，喙、胫、蹼为橙黄色，颈粗长，背长阔，胸宽挺，尾稍翘
起，体躯前昂，后躯靠近地面，脚粗短。

（2）生产性能　初生雏鸭体重 55 克左右，30 日龄体重 1114
克，60 日龄体重 2713 克。7 周龄商品代肉鸭体重 3000 克，肉料比
为 1 : (2.9～3)；半净膛率为 92.86％～94.04％，全净膛率（连头
脚）为 79.76％～82.34％。性成熟期 182 天，33 周龄产蛋进入高
峰期，产蛋率达 90％以上。年产蛋量在 200～230 枚，平均蛋重 88
克，蛋壳白色。公母配种比例为 1 : (5～6)，受精率为 90％以上，

受精蛋孵化率为85%左右。

4. 奥白星鸭

奥白星鸭具有体型大、生长快、早熟、易肥和屠宰率高等优点。该鸭性喜干燥，能在陆地上进行自然交配，适应旱地圈养和网上饲养。

（1）主要特性　雏鸭绒毛金黄色，随日龄增大逐渐变浅，换羽后全身羽毛为白色。成年鸭的体型外貌与北京鸭非常相似，头大、颈粗、胸宽、体躯稍长、胫粗短。

（2）生产性能　种鸭性成熟期为160～180日龄，220日龄进入产蛋高峰。年平均产蛋量220枚左右。公母配种比例为1∶5。种鸭标准体重为公鸭2950克，母鸭2850克。商品代肉鸭6周龄体重3300克，7周龄体重3700克，8周龄体重4040克。料肉比为6周龄2.3∶1，7周龄2.5∶1，8周龄2.75∶1。

5. 樱桃谷鸭

樱桃谷鸭是在北京鸭的基础上育成的商业品种，共有9个品系，其中5个属白色羽系，4个属杂色羽系。樱桃谷鸭对气候适应较强，在我国南方和北方都能很好地生活。

（1）主要特性　体型外貌与北京鸭极相似，全身羽毛白色，头大额宽，颈粗短，背宽而长。从肩到尾倾斜，胸部宽而深，胸肌发达。喙橙黄色，胫、蹼橘红色。

（2）生产性能　父母代群母鸭性成熟期26周龄，年平均产蛋210～220枚。蛋重85～90克。公母配种比例为1∶5。种蛋受精率为90%以上。成年公鸭体重4000～4500克，母鸭3500～4000克。商品代49日龄活重3000～3500克；料肉比为（2.4～2.8）∶1；全净膛率为72.55%，半净膛率为85.55%。

6. 瘤头鸭

瘤头鸭学名麝香鸭、疣鼻栖鸭。我国称番鸭或洋鸭。瘤头鸭虽不是我国土生的地方品种，但引进的历史有250年以上，江西、广西、江苏、安徽、湖南以及浙江的中南部饲养较为普遍。如在北方地区饲养，冬季需要保温舍饲。

（1）主要特性 瘤头鸭的外貌与家鸭有明显的区别，体型前后窄、中间宽、如纺锤状，站立时体躯与地面平行。喙基部和头部肌肉两侧有红色或黑色皮瘤，不生长羽毛，雄鸭的皮瘤比雌鸭发达，故称瘤头鸭。喙较短而窄，胸宽而平，腿短而粗壮，胸、腿的肌肉很发达，翅膀长达尾部，能做短距离飞行。后腹不发达，尾狭长。头顶有 1 排纵向羽毛，受到刺激时会竖起如冠状。羽毛主要有黑色和白色两种：白羽瘤头鸭是目前国内饲养最多的一种，它的全身羽毛为白色，喙粉红色，皮瘤红色、呈珠状排列于脸部，虹彩浅灰色，胫、蹼橘黄色。这个品种在屠宰后不残留黑色羽根，胴体美观，羽毛价值较高。黑羽瘤头鸭全身羽毛黑色，且带有光泽，皮瘤黑红色、比较小，喙红色带有黑斑，虹彩浅黄色，胫、蹼大多黑色（图 3-18）。花羽瘤头鸭身上的羽毛黑白相间。瘤头公鸭在繁殖季节里会散发出麝香气味，又称为麝香鸭。

图 3-18 瘤头鸭

（2）生产性能　母鸭 6～9 月龄开产。公母鸭配种比例为 1：（6～8），受精率为 85%～94%，孵化期为 35 天，受精蛋孵化率为 80%～85%，母鸭有就巢性，种公鸭利用年限 1～1.5 年。10～12 周龄的瘤头鸭经填饲 2～3 周，平均产肝 300～353 克。成年公鸭体重 3500～4000 克，母鸭 2000～2500 克。仔鸭 3 月龄公鸭重 2700～3000 克，母鸭重 1800～2000 克。公鸭全净膛率为 76.3%，母鸭为 77%；公鸭胸腿肌占全净膛体重的比率为 29.63%，母鸭为 29.74%。

（3）品种优缺点　生长迅速、耐粗饲、肉质鲜美、产肝性能好、适宜旱养，是适合肉用、肝用的水禽品种之一。

7. 天府鸭

天府鸭是四川农业大学利用引进肉鸭父母代和地方良种选育而成的大型肉用配套系，具有生产速度快、饲料报酬高、适应性强等特点。

（1）主要特性　体型硕大丰满，羽毛洁白，喙、胫、蹼呈橙黄色，母鸭随着产蛋日龄的增长，颜色逐渐变浅，甚至出现黑斑。初生雏鸭绒毛呈黄色。

（2）生产性能　成年公鸭体重 3200～3300 克、母鸭 2800～2900 克。开产日龄 180～190 天（产蛋率达 5%），入舍母鸭年产合格种蛋 230～250 枚，蛋重 85～90 克，受精率达 90% 以上，每只母鸭提供健雏数 180～190 只。商品代肉鸭 28 日龄活重 1600～1860 克，料肉比为（1.8～2.0）：1；35 日龄活重 2200～2370 克，料肉比为（2.2～2.5）：1；49 日龄活重 3000～3200 克，料肉比为（2.7～2.9）：1。

8. 枫叶鸭

枫叶鸭又名美宝鸭，枫叶鸭的最大特点是瘦肉多、长羽快、羽毛多。

（1）主要特性　鸭头大，颈粗，羽毛纤细柔软、雪白，外观硕大优美。

（2）生产性能　25～26 周龄产蛋率达 5%，产蛋高峰期可达

91%，平均每只种母鸭 40 周产蛋 210 个，平均蛋重 88 克。商品代 49 日龄平均体重 2950 克，料肉比为 2.67：1。

9. 芙蓉鸭

芙蓉鸭具有繁殖力强、早期生长快、耗料省、瘦肉率高等特点。

（1）主要特性　体羽白色，体型较大，头颈短粗，胸宽厚，胸肌丰满。

（2）生产性能　种鸭 180 日龄开始入舍，母鸭产蛋量 208 枚。早期生长速度快，日增重 50 克以上，8 周龄活重 2580 克以上，出肉率为 82%，料肉比为 （2.85 ~ 2.89）：1，胴体胸肌率达 16.5%~16.9%，胴体皮及皮下脂肪率低于 30%。

10. 骡鸭

骡鸭又称半番鸭，是番鸭与普通家鸭杂交产生的杂种鸭。因其不具备繁殖能力故称为骡鸭。特点是生长快、肉质好、瘦肉多、耐粗饲、饲料利用率高、抗病力强。

（1）主要特性　骡鸭体型外貌介于番鸭与家鸭之间。羽色因杂交家鸭的羽色而不同。骡鸭公母鸭的体型差异较小。

（2）生产性能　70 日龄平均体重为 1990 克，半净膛率为 81.91%，全净膛率为 75.29%。骡鸭是不同属间的远缘杂交，后代不能生育。

第四章 生态养鸭的营养与饲料配制

第一节　鸭的营养需要和营养标准

鸭为了维持生命、生长和繁殖，需不断从饲料中摄取能量、蛋白质、无机盐、维生素等营养物质。

一、能量

鸭的一切生理活动，包括呼吸、循环、消化、吸收、排泄、神经活动、调节体温、运动、生长繁殖、羽毛生长及产蛋、产肉等都离不开能量。能量主要来源于日粮中的糖类和脂肪。

鸭的能量需要依品种、生理发育阶段不同而有差别，也可随环境条件变化而增减。鸭能使大体积的日粮有效地通过消化道，鸭根据日粮的浓度调节采食量的能力比鸡强，而且鸭对低能日粮的接受能力更强。雏鸭阶段一般喂以高能、高蛋白日粮。

鸭的消化道中没有消化分解纤维素的酶，只能靠盲肠中的微生物对日粮中的纤维素进行部分分解，对于纤维素和纤维素类的饲料利用能力很低。日粮中所含维生素过高，会加快食物通过消化道的速度而影响其他营养物质的吸收，适量维生素可以改善日粮结构，刺激胃肠的蠕动，有利于酶的消化，并能防止鸭的啄癖。一般情况日粮适宜的粗纤维水平为：雏鸭不超过3%，青年鸭和产蛋鸭不超过6%。

能量蛋白对鸭胴体成分的影响较日粮能量水平大。在一定范围内，鸭胴体脂肪含量随日粮能量蛋白比值的提高而提高。鸭日粮中的必需脂肪酸只有亚油酸一种，亚油酸广泛存在于植物油脂中。亚油酸不足，雏鸭易患脂肪肝和呼吸道疾病，种鸭产蛋量减少，孵化率降低。

二、蛋白质

蛋白质是构成生物体的基本物质，是机体最重要的营养物质，是细胞的重要组成成分，也是机体内各种酶、激素、抗体的基本成分。动物的肌肉、神经、结缔组织、皮肤、血液、腺体、精液、毛发、角、喙等都主要由蛋白质构成，肌肉、肝、脾等组织器官的干物质含蛋白质80%以上，蛋白质也是鸭肉、蛋的最主要组成成分。

鸭的必需氨基酸有10种，这些氨基酸是赖氨酸、蛋氨酸、色氨酸、苯丙氨酸、亮氨酸、异亮氨酸、缬氨酸、苏氨酸、组氨酸、精氨酸。前8种是成年鸭所必需的，后2种是生长鸭所必需的。

限制性氨基酸是指在一定饲料或日粮中的某一种或几种必需氨基酸的含量低于动物的需要量，而且由于它们的不足限制了动物对其他必需和非必需氨基酸的利用。其中缺乏最严重的称第一限制性氨基酸，其次是第二限制性氨基酸等。

在必需氨基酸中，以赖氨酸、蛋氨酸、色氨酸更为重要，体内利用其他氨基酸合成蛋白质时，都受它们的限制和制约。把这3种氨基酸称为限制性氨基酸。如果不把限制性氨基酸添加到需要量，其他氨基酸含量再多也不能用于合成蛋白质，而是在体内分解，从尿中排泄。在保证蛋白质量的供应的同时，还应注意蛋白质的品质。蛋白质的品质是由氨基酸的种类和数量决定的。饲养时必须注意氨基酸的平衡。在饲料中适当添加赖氨酸、蛋氨酸，能把原来饲料中未被利用的氨基酸充分利用起来。

动物性蛋白质所含的氨基酸全面且比例适当，因而品质较好；谷物及其他植物性蛋白质所含的氨基酸不全面，量也少，品质较差。如玉米中赖氨酸和色氨酸的含量很低，营养价值较差。

如果鸭的日粮中缺少某些必需氨基酸或者必需的氨基酸含量不足，特别是缺乏赖氨酸、蛋氨酸和色氨酸时，影响鸭体内蛋白质的合成，鸭就会生长停顿，体重减轻，体质衰弱，产蛋率下降。

三、矿物质

矿物质是鸭体组织和细胞、骨骼（约 5/6 存在于骨骼中）等的重要成分。矿物质参与机体内的各种生命活动，调节体液（血液、淋巴液）的渗透压，维持体内的酸碱度，调节神经、肌肉的活动，矿物质还是某些维生素的组成成分之一。矿物质是保持鸭健康和正常生长和繁殖、产蛋所必需的营养物质。

鸭体内必需的矿物元素按照鸭的需要量可分为常量元素和微量元素两大类。机体内含量大于或等于体重 0.01％的元素为常量元素，包括钙、磷、镁、钠、钾、氯和硫，机体内小于 0.01％的元素为微量元素，包括铁、锌、铜、锰、碘、钴、硒等。

1. 常量元素

（1）钙和磷　常量元素中最重要的是钙和磷。

钙是鸭体内含量最多的矿物质元素。钙是构成骨骼的主要成分，体内 99％的钙存于骨骼和喙中。其余的分布在血液、淋巴、唾液和其他消化液中。正常骨骼灰分中含钙约 36％，含磷 17％，钙和磷在骨骼中保持一定的比例，大致为 2：1。

钙也是形成蛋壳的主要物质。如果供给不足会影响蛋壳质量，鸭即产薄壳蛋、软蛋。钙对维持神经兴奋性和肌肉组织的正常功能有重要作用。钙还具有自身营养调节功能，在外源钙供给不足时，沉积钙（特别是骨骼中）可大量分解供机体代谢需要，对产蛋十分重要。

鸭体内约 80％的磷存在于骨骼中，与钙一起构成骨组织，其余构成软组织成分，少部分在体液中。磷是血液的重要组成成分，参与许多物质代谢过程，促进脂类物质和脂溶性维生素营养物的吸收。

鸭的钙磷缺乏会引起相应的缺乏症。雏鸭患软骨病，种鸭和蛋鸭易患骨质疏松、蛋壳质量下降甚至瘫痪。鸭对过量钙的耐受力较差，日粮中钙含量过多会影响锰、锌的吸收。鸭的日粮中钙需要量雏鸭为 $0.9\%\sim1.0\%$，产蛋鸭为 3.3%。

鸭对植酸磷的利用率很低，缺磷时，雏鸭生长缓慢，死亡率升高。在配制鸭的日粮时，不但要求总磷的量，还要考虑有效磷的含量。

在生产中钙磷比例对其吸收有很大影响，一般以 $(1.2\sim1.5):1$ 为宜。

（2）钠和氯　主要是维持体内酸碱平衡、渗透压和参与水的代谢。大多数钠以氯化钠的形式存在于体内。

雏鸭对食盐缺乏非常敏感，在雏鸭-豆粕型日粮中不添加食盐，19 日龄死亡率可达 100%，产蛋鸭食盐缺乏，6 个月产蛋率仅为 20%。但食盐过多也易引起中毒。鸭日粮中适宜的食盐添加量为 $0.2\%\sim0.5\%$。

（3）钾　是维持机体渗透压的主要离子。日粮中钾一般占饲料干物质的 $0.2\%\sim0.3\%$。植物性饲料中富含钾，可满足鸭的需要。

（4）镁　组成骨骼、蛋壳，主要集中于蛋壳中。在蛋白质代谢中起重要作用，维持神经肌肉的正常机能。饲料中含镁充足，一般不会缺乏。

（5）硫　鸭体内硫主要存在于蛋氨酸、胱氨酸、半胱氨酸等含硫氨基酸中。鸭的羽毛、爪、喙中含硫较多。饲料中含硫丰富，一般不会缺乏。

2. 微量元素

（1）铁　是合成血红蛋白的原料，也是很多酶（细胞色素氧化酶）的成分。缺铁时引起贫血。但饲料中的铁一般可满足需要。

（2）铜　参与血红蛋白的合成及酶的合成与激活。还参与骨骼的正常形成。缺铜影响铁的利用，可引起贫血症，还会影响骨骼发育，引起骨质疏松。鸭一般不会缺铜。

（3）锌　是体内近 300 种酶的组成成分或辅助因子。可以调节和控制这些酶的结构、功能，影响机体的许多代谢过程。锌还参与体内糖、蛋白质和脂肪代谢。缺锌时可引起贫血，导致食欲减退、发育受阻、羽毛生长缓慢、腿骨短粗、表皮呈鳞状角质化、羽毛末端易磨损。鸭对锌的需要量为60毫克/千克，酵母、糠麸、油饼粕含锌丰富，动物性饲料骨肉粉、鱼粉等是锌比较好的来源。

（4）锰　鸭骨骼正常发育需要锰。鸭的正常繁殖也与锰有关。雏鸭缺锰时，发生骨短粗症、脱腱症、胫（骨）跗骨关节粗大，胫骨远端和跗骨近端衔接处扭转，最后跟腱从踝中滑出，导致跛行、瘫痪。

产蛋鸭、种鸭锰缺乏时，产蛋率下降，孵化率下降，薄壳蛋、无壳蛋增加。

（5）硒　硒与维生素E及一些抗氧化剂密切相关。硒是谷胱甘肽过氧化物酶的组成成分，防治线粒体的脂类过氧化，保护细胞膜。含硒谷胱甘肽过氧化物酶和维生素E都有抗氧化作用，两者有协同作用。在一定条件下，维生素E可代替部分含硒谷胱甘肽过氧化物酶的作用，但含硒谷胱甘肽过氧化物酶不能代替维生素E。谷胱甘肽过氧化物酶能促进维生素E的吸收而减少机体对维生素E的需要量。当饲粮中维生素E不足时易出现缺硒症状，只有存在硒时，维生素E才能在体内起作用。

日粮中缺硒时，鸭精神沉郁、食欲减退、生长迟缓、渗出性素质、肌营养不良或白肌病。缺硒扰乱繁殖，导致产蛋下降、受精率低、早期胚胎死亡。

鸭对硒的需要量极微，日粮中添加量一般为0.15毫克/千克。

（6）碘　是甲状腺素的组成成分。缺碘会导致甲状腺素合成不足，基础代谢降低，对低温适应性差。鸭产蛋率下降，体内脂肪沉积增多，影响种蛋孵化率。缺碘影响骨骼发育，皮肤、羽毛生长。一般饲料和饮水中能满足鸭对碘的需要，在缺碘地区应补饲碘盐。

（7）钴　钴是维生素B_{12}的组成成分，参与机体造血，并促进生长。缺乏时表现为贫血、生长缓慢、产蛋下降。钴在一般饲料中都不缺乏。

四、维生素

维生素是维持鸭正常生理机能所必需的低分子有机化合物。它们的需要量极少，但机体自身并不能合成，必须由饲料提供。根据维生素的溶解性可将其分为两大类，即脂溶性维生素和水溶性维生素。脂溶性维生素包括维生素 A、维生素 D、维生素 E 和维生素 K。脂溶性维生素不溶于水，而溶于脂肪，所以饲料中脂肪含量过低不利于脂溶性维生素的消化吸收。脂溶性维生素可以在体内贮存，当饲料短期内供应不足时，对家禽的生长发育和生产性能没有明显影响。

水溶性维生素包括 B 族维生素和维生素 C，B 族维生素中又包括维生素 B_1（硫胺素）、维生素 B_2（核黄素）、烟酸（尼克酸、维生素 PP）、维生素 B_6（吡哆醇）、泛酸、叶酸、生物素、胆碱及维生素 B_{12}（钴胺素）。

1. 脂溶性维生素

（1）维生素 A　维生素 A 可以维持正常的视觉功能，保护上皮组织的完整性，维生素 A 不足会使眼、呼吸道、消化道、泌尿道及生殖器官等的上皮组织干燥，过度角化，易受病菌感染，引起生殖器官上皮组织角质化，使产蛋量下降，种蛋受精率和孵化率降低。维生素 A 缺乏会抑制鸭的生长发育，抗病力弱。植物中的胡萝卜素可以在鸭体内酶的作用下转化成维生素 A，贮存在肝脏中。

（2）维生素 D　饲料中钙、磷吸收及利用，只有在维生素 D 的参与下才能完成。如果维生素 D 缺乏，饲料中钙、磷的吸收和利用将受到限制，并出现一系列的钙、磷缺乏症。

维生素 D_2 是植物中的麦角固醇经阳光中紫外线照射而形成的，维生素 D_3 是皮肤中的 7-脱氢胆固醇经阳光中紫外线照射照射产生的。家禽对维生素 D_3 的利用率是维生素 D_2 的 30～40 倍。

家禽对维生素 D 的需要受日粮中钙、磷水平及其比例的影响。家禽一般须从饲料中补充维生素 D_3，其中 1 国际单位维生素 D_3 近似等于 0.025 微克维生素 D_3。

（3）维生素 E　维生素 E 与生殖机能有关，又名生育酚、抗不育维生素。可促进性腺发育和维持正常的生殖功能。维生素 E 作为抗氧化剂，能防止易氧化物质（维生素 A 及不饱和脂肪酸等）在饲料、消化道以及内源代谢中的氧化，保护富于脂质（不饱和磷脂）的细胞膜不被破坏，维持肌肉及外周血管系统功能。维生素 E 还影响机体的免疫功能和抗应激能力。

（4）维生素 K 与凝血系统的功能有关，又叫凝血维生素和抗出血维生素。主要作用是催化肝脏中凝血酶原与凝血活素的合成，凝血活素促使凝血酶原变为凝血酶。维生素 K 的需要量随饲料中磺胺类药物使用量的增加而增加，在未加磺胺的玉米-豆粕日粮中，添加 0.4 毫克/千克维生素 K 即能满足正常的凝血要求，添加 0.05％的磺胺喹啉，满足正常凝血要求的维生素 K 添加量则为 2.0 毫克/千克。

2. 水溶性维生素

水溶性维生素包括 B 族维生素和维生素 C。

（1）B 族维生素

B 族维生素的主要作用为细胞酶的辅酶，催化糖类、脂肪和蛋白质代谢中的各种反应。水溶性维生素很少或几乎不在体内贮备。缺乏时可降低体内的一些酶的活性，影响相应的代谢过程，影响畜禽的生产力和抗病力，但临床症状要在较长时间的维生素 B 供给不足时才表现出来。

① 硫胺素（维生素 B_1） 硫胺素为许多细胞酶的辅酶，参与糖类代谢。硫胺素在糠麸、谷物、饼粕、蔬菜中含量较为丰富。

② 核黄素（维生素 B_2） 核黄素主要参与能量代谢、蛋白质代谢与脂肪酸的合成与分解。核黄素在豆科植物、大麦、小麦、麦麸、米糠、豆饼、谷芽、酒糟、酵母、鱼粉、血粉及发酵产品中含量较多。但核黄素在碱性环境中易被光和热破坏，在家禽体内不能贮存，因此需要饲料经常补给。

③ 泛酸（维生素 B_3） 泛酸是辅酶 A 的重要组成部分，辅酶 A 参与糖类、脂肪、蛋白质代谢。泛酸缺乏使机体代谢紊乱。一般饲料都含有泛酸，糠麸和植物性蛋白质饲料最丰富，块根茎饲料

含量低。泛酸与维生素 B_{12} 的利用有关，当维生素 B_{12} 缺乏时，泛酸的需要量增加。

④ 烟酸（尼克酸、维生素 PP）　烟酸在体内易转变为烟酰胺，与烟酰胺有相同的活性。烟酸在多叶青绿饲料、花生饼、饲料酵母中含量丰富。在动物性饲料中烟酸含量丰富，血粉、鱼粉等是烟酸的良好来源。

⑤ 维生素 B_{12}（钴胺素）　维生素 B_{12} 参与核酸、蛋白质的合成，促进红细胞发育和成熟，维持神经系统的完整性。维生素 B_{12} 能提高叶酸的利用率，促进胆碱合成。植物性饲料中不含维生素 B_{12}，动物性蛋白饲料（如鱼粉、肉骨粉、血粉以及酵母、发酵产品）中含量丰营。维生素 B_{12} 在动植物体内均不能合成，只能由微生物合成，但动物组织能贮存维生素 B_{12}，肝脏中含量最丰富。

⑥ 维生素 B_6（吡哆醇）　维生素 B_6 为吡哆醇、吡哆醛及吡哆胺 3 种化合物的统称。维生素 B_6 参与蛋白质、脂肪和糖类的代谢反应，是代谢过程中 100 多种酶的辅酶。在动物体内维生素 B_6 主要贮存在肌肉组织中。动植物饲料中含有较丰富的维生素 B_6。禾谷类籽实中的维生素 B_6 主要存在于种皮和胚芽中，糠麸中含量丰富。加热处理和长久贮存会使维生素 B_6 利用率降低。

⑦ 生物素（维生素 B_4、维生素 H）　生物素广泛参与糖类、脂肪、蛋白质的代谢，是二氧化碳的载体。生物素广泛存在于所有含蛋白质的饲料中，青绿饲料中含量丰富。酵母中含量也很高。生物素对肝、肾脂肪综合征有一定的预防作用。

⑧ 叶酸（维生素 B_{11}）　叶酸促进核酸、蛋白质的合成及正常红细胞的形成。叶酸在动植物界分布很广，特别是在植物的绿叶中含量很丰富，故名叶酸。酵母、肝脏及豆饼中含量最丰富，饲料中一般不缺乏。

⑨ 胆碱　胆碱不是代谢过程的催化剂。胆碱为卵磷脂组成成分。参与脂肪代谢，促进脂肪的吸收、转化，可防止脂肪在肝中沉积。胆碱为雏鸭生长所必需的。胆碱缺乏，鸭生长缓慢，同时形成脂肪肝。自然界存在的脂肪都含有胆碱，其中鱼粉、豆饼、酵母等饲料中胆碱

较多。胆碱碱性较强，不宜与其他维生素混合，常单独添加。

（2）维生素C（抗坏血酸）

维生素C参与细胞间质的生成，参与叶酸转变为四氢叶酸的过程，参与酪氨酸代谢、肾上腺皮质激素的合成，促进铁的吸收、解毒，减轻维生素A、维生素E、硫胺素、核黄素、维生素B_{12}及泛酸等缺乏症。维生素C还具有抗应激和提高免疫力的作用。

鸭的饲粮中需要13种维生素，总量约占饲料量的万分之五，但是缺少任何一种维生素都会造成生长缓慢、生产力下降、抗病力弱、甚至死亡。但用量过多也会引起疾病的发生。青绿及糠麸饲料中含有多种维生素，只要经常供给鸭优质青绿饲料，一般情况下不会缺乏。

五、水

水是鸭体的主要组成成分，是鸭生命活动过程中不可缺少的成分。体内各种营养物质的消化、吸收、调节渗透压、体温调节、代谢废物和毒物的排除都必须有水。鸭是水禽，饮水不能缺少，一般情况下，鸭的饮水量高于最大生长需要量的20%；鸭比其他陆禽消耗、排泄更多的水，0～49日龄的北京鸭，平均水料比为5：1（以重量计），鸭的排泄物中水分含量高达90%。如果饮水不足，饲料消化率和鸭的生长速度就会下降，产蛋量下降，蛋壳变薄，蛋重变轻，严重时影响健康甚至导致死亡。养鸭，必须供给充足、清洁的饮水。

饲料的物理状态对鸭的生产性能有很大影响，鸭在采食过程中常以水送料。饲喂干粉料时，会因粉料结块粘住鸭嘴而影响采食量，并造成饲料浪费，因此采用颗粒料喂鸭可避免上述情况。

第二节　鸭的饲料种类

一、能量饲料

能量饲料是指富含糖类和脂肪的饲料。在干物质中粗纤维含量低于18％，粗蛋白含量低于20％的饲料属能量饲料。

1. 玉米

玉米是配合饲料中最主要的能量饲料，它的可利用能值高，玉米代谢能含量为12.9～14.5兆焦/千克，在所有谷食类饲料中含量最高。

玉米中蛋白质含量低（7％～9％），品质差，缺乏赖氨酸、色氨酸。无氮浸出物含量高（74％～80％），主要是易消化的淀粉，消化率高达90％。粗纤维含量少，约为2％。玉米中钙的含量仅为0.02％左右，磷含量0.2％～0.3％，且一半以上为植酸磷。玉米中的脂肪含量高于其他禾谷类籽实饲料，粗脂肪含量是小麦、大麦的2倍，为3.5％～4.5％，其中主要是不饱和脂肪酸，玉米籽实粉碎后，易于酸败变质，不宜久贮。

黄玉米中胡萝卜素较丰富，维生素B_1和维生素E也较多，而维生素D、维生素B_2、泛酸、烟酸等较少。据测定，每千克玉米含1毫克左右的胡萝卜素及22毫克叶黄素，有利于家禽蛋黄、脚和皮肤着色。

玉米是家禽配合日粮中的原料，在鸭日粮中玉米占50％～70％。由于玉米缺乏赖氨酸、色氨酸及蛋氨酸等必需氨基酸，所以当玉米用量过大时，应适当补充必需氨基酸以保证日粮的氨基酸平衡。玉米应以整粒贮存，且含水率要控制在14％以下，粉碎的玉米粉极易吸水结块、发热和被霉菌污染。饲料要现配现用，可在配料中使用防霉剂。

2. 高粱

去皮高粱的糖类和蛋白质含量与玉米相似。种皮中含有较多的鞣酸，苦涩、适口性差，可降低日粮能量和蛋白质等营养成分的吸收利用。鞣酸含量高的高粱其代谢能水平较低。蛋白质的含量因高粱的品种不同而差别很大，低的为8％，高的达16％，平均为10％；精氨酸、赖氨酸、蛋氨酸的含量略低于玉米，色氨酸和苏氨酸的含量略高于玉米。使用高鞣酸高粱时应注意添加蛋氨酸、赖氨酸；高粱中钙多、磷少，B族维生素与玉米相似，烟酸含量较多但利用率低。高粱中胡萝卜素的含量也很少，饲喂过多时容易使鸭的皮肤颜色变浅，饲喂时应注意维生素 A 的补充。

使用时高粱要与玉米搭配使用，用量一般不超过 15%。低鞣酸高粱的用量可适当提高。

3. 小麦

小麦的代谢能约为玉米的 90%，粗蛋白含量高，为 12%～15%，氨基酸比例比其他谷物饲料适当，但苏氨酸含量少。在配合日粮中要适量添加。B 族维生素含量丰富，不含胡萝卜素和叶黄素。小麦的适口性好，易消化，但缺钙，使用时应注意补钙。如果价格允许，可以作为能量饲料，一般占日粮的 10%～30%。多用小麦加工的副产品次粉、麦麸、碎麦作为鸭的饲料。

4. 大麦

大麦外面有壳，其粗纤维含量高，能值较低，约为玉米的75%。蛋白质的含量较高，约为 10.8%，品质也较好，赖氨酸含量达 0.40%，比玉米、高粱的含量约高 1 倍。大麦中粗脂肪较低，仅 1.6%，维生素含量较少，仅硫胺素、烟酸略高，胡萝卜素、维生素 D、核黄素含量很低。适口性稍差于玉米和小麦但较高粱好。大麦中含有难消化的物质，效果较差，喂量过多易引起鸭肠道疾病。大麦作为鸭饲料时，应磨碎再用。雏鸭日粮中含量不宜超过5%，产蛋鸭日粮中不宜超过 15%。

5. 谷子

去壳后称小米。含能量与玉米接近，粗蛋白含量为 10% 左右，高于玉米，维生素 B_2 含量高，为 1.8 毫克/千克，适口性好。在饲粮中用量占 15%～20%。

6. 稻谷

稻谷外壳粗硬，能量比其他谷类偏低，蛋白质含量也较低，主要是含有 25%～30% 的稻壳，粗纤维含量高达 8.5%，可做育成期的饲料。

7. 次粉

次粉（次等面粉）是面粉加工过程的副产品，含粗蛋白质

$13\%\sim14\%$。次粉有黏合作用，全价配合饲料中含 $10\%\sim20\%$ 次粉，有利于制粒。次粉在鸭饲料中的用量一般为 $10\%\sim40\%$。

8. 小麦麸

小麦麸又称麸皮，是小麦磨面加工制粉后的副产品。麸皮的营养价值与面粉加工的等级有关，生产上等面粉时，出麸率较高，麸皮的营养价值也高，生产标准粉时，出麸率较低，麸皮的营养价值差些。

粗纤维含量较高，为 $8.5\%\sim12\%$。无氮浸出物约为 58%，能值较低。粗蛋白含量较高，为 $12\%\sim19\%$，质量高于麦粒。其中赖氨酸等必需氨基酸含量较高，蛋氨酸较缺乏。麸皮中的 B 族维生素含量丰富，其中维生素 B_1、烟酸、胆碱和维生素 E 尤为丰富。麸皮中磷含量很高，为 $0.9\%\sim1.3\%$，钙含量较少，为 $0.1\%\sim0.2\%$，钙、磷比为 $1:8$，极不平衡，磷主要以植酸磷的形式存在。

麸皮作为能量饲料，其饲养价值相当于玉米的 65%。麸皮适口性好，质地蓬松，具有清泻作用，是鸭的常用饲料。但因粗纤维含量高，应控制用量。一般雏鸭和产蛋鸭日粮中麸皮用量为 $5\%\sim15\%$，育成期占 $10\%\sim25\%$。

9. 米糠

米糠是糙米精加工时分离出的种皮、糊粉层和胚 3 种物质的混合物。一般稻谷出米糠率为 $6\%\sim8\%$，其营养价值取决于大米精加工的程度，大米加工得越精，出糠率越高，米糠的营养价值也就越高。

米糠中粗蛋白的含量较高，约为 13%，高于大米、玉米和小麦。蛋白质的品质较高，赖氨酸和蛋氨酸近似于玉米的 1 倍。米糠的能值高，米糠所含的粗脂肪中不饱和脂肪含量高，极易氧化，腐败变质，不宜贮藏。

米糠的粗纤维含量略高，约为 9.0%。米糠富含 B 族维生素和维生素 E，维生素 A 和维生素 D 较少。矿物质中钙、磷比例极不平衡，为 $1:22$，比在麸皮中的相差更大。

米糠适口性较差，且含粗纤维较高，应限制用量。在育肥和蛋鸭饲料中用量不宜超过 7％，非繁殖期的种鸭饲料中可适当增加用量。

二、块根块茎类饲料

块根块茎类饲料包括马铃薯、甘薯、南瓜、胡萝卜等。这类饲料的特点为：新鲜饲料容积大，水分含量很高，为 70％～90％，干物质相对较少。单位质量的新鲜饲料所含的营养价值低，能值低，粗蛋白含量仅为 1％～2％，且一半为非蛋白质含氮物，蛋白品质较差。经过晾晒或烘干的块根块茎类饲料的能值较高，近似于谷物类饲料。钙、磷含量很少，钾、氯丰富。维生素的含量因种类不同，差别很大。宜利用经加工脱水后的风干物质，在日粮中用量不宜超过 10％。

三、蛋白质饲料

干物质中粗蛋白含量在 20％以上，粗纤维含量在 18％以下的属蛋白质饲料。由于来源不同，分植物性蛋白质饲料和动物性蛋白质饲料。

1. 植物性蛋白质饲料

植物性蛋白饲料包括饼粕类、豆科子实类及一些加工副产品。

（1）豆饼（粕） 大豆经压榨法榨油后的产品是豆饼。大豆用溶剂提取后的产品是豆粕。豆饼、豆粕是饼粕类饲料中最有营养的一种饲料，是主要的蛋白质饲料来源，约占饼粕类饲料的 70％。通常蛋白质含量为 40％～48％（豆粕稍高为 42％～48％，豆饼稍低为 39％～43％）。豆饼（粕）蛋白质品质较好，赖氨酸含量高，约为 2.5％。大豆饼粕的氨基酸组成接近动物性蛋白质饲料，但蛋氨酸、胱氨酸含量相对不足。以玉米豆粕为基础的日粮，通常需补充蛋氨酸。生大豆中含抗胰蛋白酶、尿素酶、皂角素苷等抗营养因子和有毒因子，抑制胰蛋白酶对蛋白质的作用，鸭食用后蛋白质的利用率降低，生长减慢，甚至引起鸭拉稀，所以生大豆和未经加热的大豆，不能直接饲喂。一般正常加热的大豆饼粕外观呈黄色，加热不足时颜色较淡，有些灰白色，加热过度后则呈红褐色。

（2）花生饼粕 花生饼粕是花生去壳后的花生仁经榨浸油后的产品。蛋白质和能量都较高，营养价值仅次于豆饼。

花生饼粕含粗蛋白 38%～48%，粗纤维 4%～7%，粗脂肪 4%～7%，花生粕 0.5%～2.0%；代谢能 12.54 兆焦/千克。但花生饼粕的氨基酸组成较差，赖氨酸、蛋氨酸含量低，分别为 1.35%、0.39%，氨基酸利用率比棉籽饼粕、菜籽饼粕高。使用时应与鱼粉或其他蛋白质饲料合理搭配。花生饼粕易感染黄曲霉菌，产生黄曲霉毒素，对肝脏损伤严重，对鸭危害极大。一般原料不宜久贮，或保存在干燥库房中。

（3）菜籽饼粕 菜籽饼粕是油菜籽榨尽油后所得的。含粗蛋白 33%～39%，粗纤维 12%。氨基酸组成中，必需氨基酸比例与组成不亚于豆饼粕，赖氨酸（含 1.2%～1.4%）与棉籽饼粕相似，蛋氨酸（含 0.6%～0.8%）比豆饼粕、棉饼粕高，精氨酸含量低，与赖氨酸大体相当，与其他饼粕类饲料中都是精氨酸高于赖氨酸不同，所以用菜籽饼粕与棉籽饼粕配合，可改善氨基酸的平衡。钙、磷合适，B族维生素除泛酸外高于豆饼。菜籽饼粕中含有硫葡萄糖甙，芥酸、鞣酸等有毒成分，用量不宜太大，一般应控制在 3%～5%。

菜籽饼含有芥子苷，在芥子酶催化作用下可水解成有毒物质。菜籽饼的去毒方法如下。

① 土埋法 把粉碎的饼粕加水（饼∶水为 1∶1）浸泡后装进坑内，埋置 2 个月后即可饲用。

② 硫酸亚铁法 按粉碎饼重的 1% 称取硫酸亚铁，加水拌入菜籽饼中，然后在 100℃下蒸 30 分钟，晒干后饲用。

③ 浸泡煮沸法 将菜籽饼粉碎，把粉碎后的菜籽饼放入温水中浸泡 10～14 小时，倒掉浸泡液，添水煮沸 1～2 小时即可。

（4）棉仁（籽）饼粕 棉花籽脱油后的饼粕，因加工手段不同，以及是否含有棉籽壳或含棉籽壳的含量不同，所含营养价值有很大差异。完全脱壳的棉仁所制成的饼粕叫棉仁饼粕。蛋白质可达 41%～44%。不脱掉棉籽壳的棉籽制成的棉籽饼，蛋白质含量只有 22%。

棉仁饼粕蛋白质质量较差，赖氨酸含量较低（1.3%～1.5%），只有豆饼粕的 1/2；蛋氨酸含量稍低（0.38%），只有菜籽饼粕的 1/2；精氨酸过高（3.6%～3.8%），是菜子饼的 2 倍，仅次于花生饼。在饲粮中使用棉仁饼粕，添加赖氨酸，并与含精氨酸少的饲料配合。将棉仁饼粕与菜籽饼粕搭配使用，可减少蛋氨酸添加量，降低精氨酸与赖氨酸比例，弥补菜籽饼中的精氨酸含量不足。含钙偏低，钙磷比约为 1∶6，B 族维生素含量较丰富，胡萝卜素含量很低。棉籽饼粕中含有游离棉酚，使用时要注意脱毒和喂量，以保证饲用安全。

棉籽饼的常用去毒方法如下。

① 硫酸亚铁石灰水混合液去毒　100 千克清水中放入新鲜生石灰 2 千克，充分搅匀，去除石灰残渣，在石灰浸出液中加入硫酸亚铁（绿矾）200 克，然后投入经粉碎的棉籽饼 100 千克，浸泡 3～4 小时。

② 硫酸亚铁去毒　用硫酸亚铁水溶液浸泡棉籽饼。将 1.25 千克工业用硫酸亚铁，溶于 125 千克水中，浸泡 50 千克粉碎的饼粕，中间搅拌几次，一昼夜后即可使用。

③ 尿素或碳酸氢铵去毒　以 1% 尿素水溶液或 2% 的碳酸氢铵水溶液与棉籽饼混拌后堆沤。一般是将粉碎过的 100 千克棉好饼与 100 千克尿素溶液或碳酸氢铵溶液放在大缸内充分拌匀，然后倒在地上摊成 20～30 厘米厚的堆。地面应先铺好薄膜，堆四周用塑料膜严密覆盖。堆放 24 小时后扒堆摊晒，晒干即可。

④ 加热去毒　将棉籽饼粉加适量水蒸煮并搅拌，保持沸腾 0.5 小时，冷却后饲用。

⑤ 碱法去毒　将 2.5% 的氢氧化钠水溶液，与粉碎的棉籽饼按 1∶1 质量混合，加热至 70～75℃，搅拌 30 分钟，再按湿料重的 15% 加入浓度为 30% 的盐酸，继续控温在 75～80℃，30 分钟后取

出干燥。此法去毒彻底，一般不含棉酚。

（5）向日葵饼粕　向日葵饼粕是指以向日葵仁（带部分壳）为原料，以压榨法或浸提法不同的工艺去油后的一种副产品。由于其加工工艺不同，其感官质量及分级标准也不一致。向日葵饼粕的营养价值主要取决于脱壳程度，利用向日葵榨油时，一般脱壳程度不等，完全脱壳的向日葵仁饼粕营养价值很高。向日葵饼粕粗蛋白质含量不高（28%～32%），氨基酸中赖氨酸含量不足（1.1%～1.2%），低于棉仁饼粕和花生饼粕，更低于大豆饼粕。如果脱油过程中加热过度，则赖氨酸损失更大，其营养价值显著降低。蛋氨酸含量相对较高（0.6%～0.7%），高于大豆饼粕、棉仁饼粕和花生饼粕。赖氨酸和蛋氨酸的消化率高达90%，与大豆饼粕相当。由于脱壳不净，向日葵饼粕的粗纤维含量有时高达20%，影响其营养成分的利用。脱壳良好的向日葵仁粕粗纤维含量在12%左右，可作为鸭的蛋白质饲料。钙、磷含量较一般饼粕类饲料高，锌、铁、铜和B族维生素含量丰富。一般在日粮中的添加量应控制在20%以下。

2. 动物性蛋白质饲料

动物性蛋白质饲料主要有鱼粉、肉粉、肉骨粉、血粉、羽毛粉、蚕蛹粉等。特点是可利用能量高，蛋白质含量高，为40%～80%，一般都在50%以上，品质好，赖氨酸含量丰富，矿物质含量多，钙磷比例高，比例适宜。B族维生素含量丰富。

（1）鱼粉　在蛋白质饲料中品质最优，使用效果最好。是高能量物质，全鱼粉代谢能可达11.70～12.55兆焦/千克，由于鱼粉原料与加工工艺不同，鱼粉中各种营养成分差异很大。国产优质鱼粉的蛋白质在50%～55%，代谢能10.25兆焦/千克。进口鱼粉蛋白质达65%，代谢能12兆焦/千克。鱼粉的蛋白质品质好，赖氨酸、蛋氨酸含量都高，精氨酸含量较低，这与大多数饲料的氨基酸组成相反，所以在用鱼粉配制日粮时，氨基酸很容易平衡。鱼粉属高蛋白高能量饲料原料，以鱼粉为原料很容易配制出高能高蛋白饲料。鱼粉含钙磷较高，所有磷都是可利用磷，B族维生素含量高，锌、硒含量较高，还有促生长的未知因子。使用国产鱼粉时，要考虑含盐量，先测定含盐量后再决定使用比例。夏季使用时还要注意发霉变质。在饲料中用量通常在 10% 以下。

（2）肉骨粉　肉骨粉是屠宰场的副产品，由碎肉、肉屑、内脏、残骨、皮等经加温、提油、干燥、粉碎而成。一般粗蛋白含量 45%～60%，水分含量 5%～10%，粗脂肪含量 3%～10%，粗纤维含量 2%～3%，钙、磷比例适宜，所含磷均为有效磷。蛋白质中赖氨酸含量较高，但蛋氨酸和色氨酸较少。缺乏维生素 A、维生素 D、核黄素、烟酸等，但维生素 B_{12} 较多。在日粮中肉骨粉的用量一般不超过 5%。

（3）血粉　血粉是屠宰畜禽时的新鲜血液经蒸汽加热、干燥、粉碎制成的，属于高蛋白质饲料产品，含粗蛋白 80% 以上，粗脂肪 0.4%～2.0%，粗纤维 0.5%～2.0%，粗灰分 2%～6%，钙 0.1%～1%，磷 0.1%～0.4%，铁较多，约 2.9 克/千克。血粉中的氨基酸不平衡，表现为赖氨酸含量高，为 6%～7%，比鱼粉还高，蛋氨酸、色氨酸等含量不足。由于血粉中氨基酸含量的不平衡，使得其蛋白质的生物学效价较低。血粉的消化利用率低，适口性较差，在日粮中不宜多用，否则易引起腹泻，一般可占日粮的 1%～3%。

（4）蚕蛹粉　蚕蛹干燥后粉碎后制成蚕蛹粉。全脂蚕蛹粉含粗蛋白约为 54%，粗脂肪约 22%，代谢能为 11.7 兆焦/千克；脱脂蚕蛹粉含粗蛋白约 64%，粗脂肪约 4%，代谢能为 10 兆焦/千克。蚕蛹粉蛋白质含量高，品质上乘，其中赖氨酸约 3%，与优质鱼粉相同，蛋氨酸 1.5%，色氨酸高达 1.2%，比进口鱼粉还多 1 倍，且蚕蛹粉富含钙、磷及 B 族维生素，是优质的蛋白质饲料。在鸭日粮中可搭配蚕蛹粉 5% 左右。

（5）蚯蚓粉　蚯蚓粉含蛋白质可达 50%～60%，必需氨基酸组成全面，脂肪和矿物质含量较高。加工优良的蚯蚓粉饲养效果与鱼粉相似。

四、矿物质饲料

植物性和动物性饲料中有鸭需要的各种矿物质元素，但这些矿物质的含量往往不能满足鸭的需要，必须要从饲料中补加。鸭缺乏的常量元素有钙磷钠氯，一般以钙磷饲料和食盐补充，微量元素有铁、铜、锰、锌、硒、碘、钴，以添加剂补充。

1. 钙源饲料

（1）贝壳粉　贝壳粉是由牡蛎等贝壳经粉碎加工后的产品，主要成分为碳酸钙，含钙量 34％～38％，贝壳粉中的钙容易被鸭吸收，是最好的钙质矿物质饲料。可占日粮的 1％～4％。

（2）石灰石粉　石灰石粉也称石粉，是用天然石灰石经过粉碎制成的，一般含钙量应在 35％以上，含钙量虽高，价格便宜，但鸭对石灰石中钙的吸收率低，使用时还要注意石灰石中镁的含量不能过高。

2. 磷源饲料

（1）骨粉　骨粉是由动物骨骼经脱脂、脱胶、干燥、粉碎加工而成的。因原料来源、加工方法不同，骨粉中磷的含量差异较大。优质骨粉含钙 36％，磷 16％；一般蒸制骨粉，含钙量可达 30％，磷 14.5％。加工骨粉工艺不合理或未经高温高压处理的骨粉，常带有大量病原菌，危害鸭的生长和健康，应慎重选用优质骨粉。可占日粮的 1％～3％。

（2）磷酸氢钙、过磷酸钙和磷酸钙　磷酸氢钙是白色或灰白色粉末，含钙量不低于 23％，磷含量不低于 18％，磷酸氢钙的磷、钙利用率高。使用时要注意磷酸氢钙的脱氟是否达标。过磷酸钙是白色结晶粉末，含钙量不低于 15％，含磷量不低于 22％。磷酸钙含钙 32％，含磷 18％。

3. 食盐

食盐学名氯化钠，食盐主要用于补充鸭体内的钠和氯，保证机体正常代谢，还可以增进鸭的食欲，植物性饲料中含钠和氯少，在鸭的饲料中要补充食盐。用量可占日粮的 0.25％～0.35％。饲料中若有鱼粉，则应将鱼粉中含盐量计算在内。

4. 沙砾

沙砾没有营养作用，但有助于鸭的肌胃磨碎饲料，提高消化率。一般日粮中可添加 0.5%～1% 的沙砾。

5. 沸石

天然沸石是碱金属和碱土金属的含水铝硅酸盐类，含有硅、铝、钾、钠、钙、镁、铁、铜、锰、锌等多种矿物元素，有良好的吸附性和离子交换及催化性能，具有增加畜禽体重、促进营养物质的吸收等功能。鸭饲粮中添加天然沸石作为矿物质饲料时应选用中等粒度、以 1～3 毫米的颗粒为最好。沸石在鸭饲粮中的用量为 1%～5%。

五、青绿饲料和草粉

青绿饲料是指天然含水率为 60% 及 60% 以上的植物新鲜茎叶，如田间杂草、人工栽培牧草、水生植物、树叶嫩枝及青菜类饲料等。青饲料水分含量高，陆生作物水分含量 75%～90%，水生作物水分含量 95% 左右。豆科青饲料蛋白质含量 3.2%～4.2%，按干物质计算蛋白质含量可高达 18%～24%；禾本科牧草、蔬菜类饲料蛋白质含量 1.5%～3%，按干物质计算蛋白质含量可高达 13%～15%。青绿饲料富含蛋白质、矿物质和多种维生素，胡萝卜素和 B 族维生素含量丰富。鲜嫩的青绿饲料适口性好，对鸭的生长、产蛋及维持健康有良好作用。自由采食青绿饲料的产蛋期鸭，蛋黄颜色深黄。使用时最好多种青绿饲料搭配使用以提高使用效果。

也可将牧草、野草或处于青绿时期的树叶收集后进行干燥处理，粉碎后制成草粉和树叶粉，作为鸭的饲料使用。林地养鸭在乏青季节，可用干草粉或树叶粉代替青绿饲料喂鸭。在鸭饲料中用量为 1%～3%。红薯秧和花生秧收集晒干后粉碎，可以直接作为饲料喂鸭。

六、饲料添加剂

为满足鸭的营养需要，完善日粮的全价性，以提高饲料利用率，促进鸭生长发育，防治某些疾病，减少饲料贮藏期间营养品质的损失或改进产品品质等而使用的物质，称为饲料添加剂。

1. 饲料添加剂种类

常用的饲料添加剂按其目的和作用可分为六大类。一是补充和平衡营养类的添加剂，包括氨基酸、维生素、微量元素和非蛋白氮化物等。二是保健和促生长类添加剂，包括抗生素、合成抗菌药物、驱虫剂；三是生理代谢调节剂类添加剂，包括抗应激剂、中草药类；四是增食欲助消化类添加剂，包括酶制剂、微生态制剂等；五是饲料加工及保存剂类添加剂，包括防霉剂、抗氧化剂、黏结剂等；六是其他类添加剂，包括着色剂、饲料色素、沸石、膨润土等。为了保证产品的生态和绿色，所使用的添加剂应选择以天然绿色物质为主的如中草药，禁用违禁药物和激素。其中纯天然饲料添加剂如中草药饲料添加剂、微生态制剂和酶制剂能够更好地满足人类健康所需要绿色食品的要求，具有广阔的发展前景。

（1）维生素添加剂　一般使用的维生素添加剂有：维生素 A 油（粉状）、维生素 D_3 油（粉状）、维生素 K_3、盐酸硫胺素、核黄素、盐酸吡哆醇、烟酸、烟酰胺、D 泛酸钙、氯化胆碱、叶酸、维生素 B_{12}、L-抗坏血酸、维生素 H 及维生素 C 等。

（2）氨基酸添加剂　天然饲料中氨基酸含量不平衡，虽然尽量根据氨基酸平衡的原则配料，一般不同饲料搭配，只能改善日粮中氨基酸之间的比例，还不能达到理想的氨基酸平衡。工业合成氨基酸添加可以提高配合饲料质量，降低配合成本。目前在配合饲料中广泛应用的氨基酸添加剂是蛋氨酸和赖氨酸。

（3）微量元素添加剂　鸭需要补充的微量元素有铁、锌、铜、碘、硒、钴等，一般将需要的微量元素配制成添加剂，按需要量加入到日粮中。常用的微量元素添加剂有硫酸铜、硫酸钴、硫酸锰、硫酸锌、硫酸亚铁、碘化钾等。微量元素在日粮中添加剂量很少，使用时要注意混合均匀。

（4）酶制剂　酶制剂是动植物机体合成的、具有特殊功能的蛋白质。酶制剂作为外源酶，可提高鸭对各种营养物质的消化率。复合酶制剂包括淀粉酶、蛋白酶、纤维素酶、植酸酶等。

（5）微生态制剂 微生态制剂是由动物体内的有益微生物及其代谢产物经人工筛选和严格培育，生产的用于动物营养保健的活菌制剂。

微生态制剂的种类包括芽孢杆菌类、乳酸菌类、真菌、酵母菌类等单一菌种制剂和由多种有益菌组成的复合制剂。微生态制剂具有维持机体肠道菌群平衡，抑制肠道内病原微生物的繁殖，可提高机体免疫力等作用，可提高鸭的生产性能。由于微生态制剂不含任何化学成分，没有耐药性和药物残留等药物安全问题，是一种绿色、安全的饲料添加剂，符合生产优质、安全的畜产品的要求。

（6）非营养添加剂 非营养添加剂包括防霉剂和抗氧化剂。在饲料贮存过程中，防止脂肪酸败降低饲料营养物质，需要向饲料中加入抗氧化剂。防止饲料发霉变质，产生有毒物质，需要向饲料中加入防霉（腐）剂。生产中常用的抗氧化剂有乙氧基喹啉、丁基化羟基甲苯等，防霉（腐）剂有丙酸钙、丙酸钠、克饲霉、霉敌等。

（7）中草药饲料添加剂 中草药中的主要有效活性成分为多糖、苷类、生物碱、挥发油类、有机酸类等，具有调节动物机体免疫功能。有些中草药还含有一定数量的蛋白质、氨基酸、糖类、脂肪、淀粉、维生素和矿物质、微量元素等营养成分，也在一定程度上提高了机体的生产性能。中草药作为饲料添加剂，毒副作用小，不易在产品中残留，含有多种营养成分和生物活性物质，具有营养和防治疾病的双重作用。

2. 生产 A 级绿色食品不应使用的饲料添加剂

生产 A 级绿色食品不应使用的饲料添加剂见表 4-1。

表 4-1 生产 A 级绿色食品不应使用的饲料添加剂

种类	品种
调味剂香料	各种人工合成的调味剂和香料
着色剂	各种人工合成的着色剂
抗氧化剂	乙氧基喹啉、二丁基羟基甲苯（BHT）、丁基羟基茴香醚（BHA）

种类	品种
黏结剂、抗结剂、稳定剂	羟甲基纤维素钠、聚氧乙烯(20)山梨、醇酐单油酸酯、聚丙烯酸树脂
防腐剂	苯甲酸、苯甲酸钠
非蛋白氮类	尿素、硫酸铵、液氮、磷酸氢二铵、磷酸二氢铵、缩二脲、异亚丁基二脲、磷酸脲、羟甲基脲
其他	禁止使用转基因方法生产的饲料原料；禁止使用工业合成的油脂(含重金属)；禁止使用任何药物性饲料添加剂；禁止使用激素类、安眠镇静类药品；禁止使用畜禽粪便(含有害微生物)

第三节　生态养鸭的饲料生产与开发

一、植物性饲料的生产

生态养鸭可以通过人工种植优质牧草、利用水草、各种树叶为鸭提供植物性饲料，减少补喂配合饲料，节省饲料成本，提高效益。

1. 人工种植牧草

适宜饲喂鸭的牧草品种紫花苜蓿、三叶草、苦荬菜、聚合草等。

（1）紫花苜蓿　紫花苜蓿是世界上分布最广、栽培历史最古老的豆科牧草，有"牧草之王"的美称。紫花苜蓿适口性好，抗逆性强，产量高，营养丰富，粗蛋白质占干物质的 $18\%\sim26\%$，含有赖氨酸、天门冬氨酸、苏氨酸、丝氨酸、谷氨酸、甘氨酸、丙氨酸、缬氨酸、亮氨酸、苯丙氨酸等多种必需氨基酸，含量比较均衡。钙、磷等矿物质及铁、铜、锰、锌、钴和硒等微量元素含量丰富，其中，铁、锰含量较多。紫花苜蓿维生素含量丰富，每千克含胡萝卜素 $18.8\sim161$ 毫克、维生素 C 210 毫克、维生素 B $5\sim6$ 毫克、维生素 K $150\sim200$ 毫克。苜蓿中还含叶蛋白、皂甙、黄酮类、苜蓿多糖、苜蓿色素、酚醛酸等生物活性成分。

紫花苜蓿是温带植物，生长发育适宜温度为 25℃ 左右，温带和寒温带各地都能生长。需水较多也抗旱，年降水量 400～800 毫米的地方，一般都能种植。年降水量超过 1000 毫米的地方，一般不宜种植。紫花苜蓿喜光，在疏林中种植能获得较高产量。对土壤适应性强，应选择平坦和缓坡地，但以排水良好、水分充足、土质肥沃的沙土或土层深厚的黑土最为适宜。在华南、华中和西南地区要选择耐热、耐湿品种；在西北、华北和东北地区，要选择耐寒、抗旱的品种。首次播种要接种根瘤菌，可增产。紫花苜蓿在北方可春播也可夏播，淮河以南地区以秋播为宜，在江苏以 9 月上中旬为宜。播种量为 19.5～22.5 千克/公顷。单种和混播都可，以条播为好。一般行距 30 厘米，适宜与黑麦草混播。

紫花苜蓿的鲜草和干草都是禽的优质豆科牧草。苜蓿草粉是优质饲料中常用的优质草粉，蛋白质含量为 15%～20%，氨基酸组成比较平衡，矿物质中钙和有效磷含量较高，并富含丰富的维生素，特别是胡萝卜素和叶黄素含量最为丰富。紫花苜蓿的营养价值与生育时期关系极大，营养生长期蛋白质含量最高，随着生长期延长，蛋白质含量下降，粗纤维含量增加。要注意适时刈割，以提高其营养价值和利用率。

（2）白三叶　白三叶为豆科三叶草属多年生豆科牧草。白三叶性喜温凉、湿润气候，较耐阴、耐湿、耐酸，可在林果园种植。白三叶以秋播（9～10 月）为最佳，也可在 3～4 月春播。单播，每亩播种量 0.5～0.6 千克，可撒播或条播。

白三叶每年每亩产鲜草 2500～3500 千克，可刈割 4～5 次，蛋白质含量高（干物质中粗蛋白含量高达 30%），叶质嫩，适口性好，为各种畜禽所喜食，是一种优质青饲料。白三叶可刈割，可放牧，最好与禾本科多年生牧草高羊茅、多年生黑麦草等混播，搭配饲喂，以防单食白三叶发生膨胀病。

（3）苦荬菜　饲料苦荬菜是菊科山莴苣属一年生高产优质饲料作物，植株高大，一般可达 1.5～2.5 米，最高可达 3.6 米。苦荬菜喜温暖湿润性气候，能耐热也较耐寒。北方于在春解冻即播种。播种量为 0.5 千克/亩。播种方法以条播为主，行距 30 厘米，平播或起垄播都可。苦买菜叶片宽且叶量大，茎叶内含有白色乳汁，脆嫩可口，各种畜禽都非常喜食。苦荬菜养分含量也很丰富。干物质中含粗蛋白质 20%～25%，无氮浸出物 30%～35%，粗纤维 10%～14%，粗脂肪 9%～15%，还含有多种维生素，是畜禽优良饲料。苦荬菜不但营养丰富，而且还有促进畜禽食欲、帮助消化、祛火防病的作用。饲料苦荬菜产量高，一般亩产鲜草可达 4000～5000 千克，而且再生性强，一年可收割 3～5 茬。新收割运回的饲料苦荬菜鲜草，在投喂之前一定要切短切碎，随用随取。

（4）聚合草　聚合草又名爱国草、友谊草、紫草等，在生产上又叫俄罗斯饲料菜，为紫草科聚合草属牧草。多年生草本，高 50～130 厘米，全株密被糙毛。聚合草耐寒、喜温暖湿润气候。聚合草鲜草产量高，一般亩产 5000～10000 千克，水肥充足时可达 20000 千克。北方可刈割 2～3 次，南方可刈割 5～6 次。聚合草含有丰富的蛋白质和各种维生素，营养期刈割干物质中含粗蛋白 23.42%～26.43%，粗纤维 8.43%～12.97%。每千克聚合草含胡萝卜素 200 毫克，核黄素 13.8 毫克。蛋白质中富含赖氨酸、精氨酸和蛋氨酸等家畜必需氨基酸。聚合草适口性好，消化率高，可青饲，也可制成干草粉。以青鲜状态饲喂最好，可打浆或打成草泥混拌入麦麸饲喂，在现蕾期将聚合草与玉米、大麦、燕麦等禾本科牧草混合青贮。但聚合草体内含有紫草碱，长期过多采食对畜禽的肝脏有伤害作用，如果长期饲喂，建议聚合草鲜草在畜禽日粮中的比例不超过 30%。

（5）黑麦草　黑麦草是优秀的禾本科牧草品种，其草质脆嫩，适口性好，草中蛋白质含量高。黑麦草有一年生和多年生之分，刈割一般以一年生为好，其草质和产量均较高。一年生牧草以原产意大利的多花黑麦草为主，此外还有杂交、二倍体、多倍体等黑麦草品种，各品种均有不同的形态、播种特性。黑麦草最适于南方地区秋播，9 月初播种，当年底即可利用，黑麦草的亩产草量为 4000～

7000 千克，高的可超过 10000 千克。

黑麦草种子轻细，栽培上要求土壤精细，播前作浸种或晒种处理后用磷钾肥拌种，以利出苗均匀。亩用种量 1~1.5 千克，可散播、条播，条播行距 15~30 厘米，播深 1~2 厘米。黑麦草喜肥性强，播前土壤最好能打足基肥，基肥以畜禽腐熟粪便等有机肥为好，要求亩施 3000~5000 千克。齐苗后应薄施氮肥，促进苗期生长。一般黑麦草刈割后应亩施尿素 10~20 千克，以利分蘖和生长。

（6）墨西哥饲用玉米　墨西哥饲用玉米又名大刍草，是春播类禾本科牧草，其草质脆，叶宽而无毛，适口性较好，亩产鲜草量可达 7000~10000 千克。

墨西哥饲用玉米播种期北方为 4 月中旬至 6 月中旬，南方为 3 月中下旬至 6 月中旬，如采用大棚育苗可提前至 3 月初。亩播种量 0.5~0.7 千克，可采用穴播或条播，穴播穴距为 20 厘米×30 厘米，条播行距 30~40 厘米，播深 2 厘米。种子播前用 40℃温水浸种 12 小时。大棚育苗则苗高 15 厘米、有 3 片真叶时移栽。播前应打足基肥，一般需亩施有机肥 2000 千克，保证畦面平整。播后要求土壤湿润，以利出苗。墨西哥饲用玉米苗期长势较弱，要注意中耕除草，并在苗高 40~60 厘米时作适当培土，防止以后倒伏。墨西哥饲用玉米一般隔 20~30 天即可收割 1 次，南方能利用到 10 月中旬，北方可到霜前。墨西哥饲用玉米北方不宜留种，南方可收割 1~2 茬后留种，亩种子产量在 50 千克左右。

2. 水草

水草富含胡萝卜素和多种维生素，并含有一些微量元素。夏秋之交是多种水草生长最茂盛的季节，可在合适的水域种些野生水草，供鸭食用。关棚鸭每天喂水草，其喙和脚蹼呈橙黄色，蛋黄颜色鲜浓，体强健，鸭产蛋率高，蛋形大，种蛋孵化率高，鸭的肉质鲜美。

（1）金鱼藻　俗称金鱼草。植株沉没水中，顶端有时稍露出水表面；茎平滑而细长，可达 60 厘米长，有疏生短枝；叶轮生，边缘有散生的刺状细齿，齿较多偏于一边。多生长于小湖泊静水处，池塘、水沟处也多见。

（2）筐其草　又名尧扁草、苦草、扁水草。具纤细的匍匐枝，叶基生，细带形，叶薄；长可达 2 米，宽 8～14 毫米，绿色半透明。多生长于小河航道两侧和湖泊四周。

（3）黑藻　又名水王荪、水灯笼草。茎长 0.5～1.5 米，分枝少，叶 4～8 片，轮生，片带状披针形；长 1～2 厘米，宽 1.5～2 毫米，边缘有小齿。多生于池塘、湖泊和水沟中。

（4）荇菜　茎细长，茎长随水深而定；叶互生，叶片呈心状椭圆形，近革质，稍厚；长可达 15 厘米，宽可达 12 厘米，顶端圆形。池塘、湖泊和小河内均有生长。

（5）槐叶萍　茎横卧水中，无根；叶在节上轮生，三片为一轮，其中两枚为浮水叶，长椭圆形，顶端圆钝，基部浅水形，脉上有刺毛，叶下面有棕褐柔毛。生长于池塘、稻田、水沟和静水小河等水面，是雏鸭最喜爱吃的水草。

此外，水鳖（马蹄草）、水筛、柳叶藻、虾藻、大茨藻和狐藻等野生水草都是鸭喜食的饲料。

3. 树叶

能作鸭饲料的树叶种类很多。树叶类饲料寄生虫少、水分含量较少、营养丰富。除了供鸭鲜食外，还可加工成叶粉作为饲料原料。树叶类饲料还含有丰富的维生素及微量元素。如每千克松针粉含胡萝卜素 88.7 毫克，硫胺素 3.8 毫克，维生素 B_2 37.2 毫克，维生素 C 541 毫克，铜 56 毫克，铁 329 毫克，锌 38 毫克，锰 215 毫克，钼 30.87 毫克，硒 3.6 毫克。在配合饲料中添加 1%～3% 的松针粉，可使鸭的增重率、屠宰率、产蛋率、受精率提高，肉质、蛋黄色泽好，还有驱血保健作用。

各种树叶的加工调制方法多采用打浆法、晾干粉碎法和风干法。前者多鲜喂。树叶中含有鞣酸，有涩味，特别是秋季或老叶含量多时；粗纤维含量也较高，所以喂量一般不超过饲料总量的 3%，肉仔鸭、产蛋鸭以 2% 为好。

二、生态动物性蛋白质饲料的生产

1. 人工育虫

在林地育虫，直接让鸭啄食，促进鸭的生长，减低饲料成本。常用的几种人工简易育虫方法如下。

（1）稀粥育虫法　选林地不同地块轮流在地上泼稀粥，用草等盖好，两天后生小虫子，轮流让鸭去吃虫子。育虫地块要注意防雨淋、防水浸。

（2）稻草育虫法　挖宽 0.6 米、深 0.3 米、长度适当的土坑，将稻草铡碎，加水煮沸 1～2 小时，埋入土坑内，盖上 6～7 厘米的污泥，外面用泥压实封好。每天浇水，保持湿润，8～10 天便可生出虫蛆。翻开压盖物，让鸭自由觅食。虫蛆被吃完后，再盖上污泥继续育虫、喂鸭。一般每千克稻草育出的虫，可喂 20 只鸭。

（3）树叶、鲜草育虫法　用鲜草或树叶 80%、米糠 20%，混合后拌匀，加入少量水煮熟，倒入瓦缸或池内，经 5～7 天后，便能育出大量虫蛆。

（4）粪便育虫法　将鸭粪晒干、捣碎后混入少量米糠、麦麸，再与稀泥拌匀堆成堆后，用稻草或杂草盖严。每日浇污水 1～2 次，半个月左右便可出现大量的小虫。虫被吃完后，将粪堆好，几天后又能生虫喂鸭。如此循环，每堆能生虫多次。

（5）豆腐渣育虫法　将豆腐渣 1～1.5 千克，倒入水缸中，加入淘米水或米饭水 1 桶，1～2 天后再盖缸盖，经 5～7 天，便可育出虫蛆，把虫捞出洗净喂鸭。虫蛆被吃完后，再添些豆腐渣，继续育虫喂鸭。

（6）酒糟育虫法　酒糟 10 千克加豆腐渣 50 千克混匀，堆成长方形，过 2～3 天可生虫，5～7 后可让鸭采食。

一般成鸭每天每只喂 25 克。饲喂以在白天投喂较好，在傍晚投喂时宜在天黑前喂完，以免鸭吃后口渴，找不到水喝，造成不安。

2. 繁殖蚯蚓

（1）饲料配制

① 普通饲料 按照牛粪、猪粪、鸭粪等占 60%，各种秸秆、树叶、杂草等约占 40% 的比例搭配后（掺入西瓜皮、烂水果、橘子等效果好），拌匀，堆沤，发酵腐熟即可作为蚯蚓的饲料。配制时要保持饲料碎细，避免有大团块，以保证蚯蚓快速生长。

② 微生物添加剂发酵饲料 将配制好的饲料混匀加入发酵水（100 千克水中加 1 千克 EM 微生态制剂），经过发酵，摊开两天之后即可使用。发酵后的饲料适口性好、无臭味、营养丰富，饲料发酵的周期也大大缩短。

（2）环境的管理 蚯蚓生长的适宜温度为 20℃（15～30℃），湿度为 65%～70%，酸碱度 pH 为 6～8，通气性能良好，环境无光或暗光。蚯蚓的正常生长繁殖需要一定的种蚓密度，一般情况下，青蚓放养密度以 1500 条/米^2 左右为宜，赤子爱胜蚓个体小，以 20000～30000 条/米^2 为佳。在此范围内，投种少、产量高。前期幼蚓养殖密度可稍大于 3 万条/米^2 或 2.5 千克/米^2；后期幼蚓至成蚓养殖密度可逐渐降至 2 万条/米^2 左右。

（3）养殖方法

① 简易养殖 在容器、坑池中分层加入饲料和肥土，投放种蚯蚓。方法简便、但饲养量少。

② 田间养殖法 选用地势比较平坦，排水、灌溉条件便利的林地、果园或饲料田，沿行间开沟槽，施入腐熟的蚯蚓饲料，上面覆土 10～15 厘米，放入蚯蚓进行养殖，保持土壤含水率在 30% 左右。冬天可在地面覆盖塑料薄膜保温，促进蚯蚓活动和繁殖。由于土壤疏松多孔，通透性能好，适宜林地养鸭时养殖。林地养殖中，要注意在橘、松、枞、橡、杉、水杉、黑胡桃、桉树林下不宜放养蚯蚓，因为这些树的落叶不易腐烂，又多含有芳香油脂、鞣酸、树脂和树脂液，这些物质对蚯蚓有害，能引起蚯蚓逃逸。

（4）使用方法 蚯蚓是多种寄生虫的中间宿主和传播者，对鸭能传播绦虫、线虫等寄生虫病，使鸭体质衰退，生产力下降，不能用鲜活的蚯蚓直接喂鸭。

① 煮沸饲喂 将收集到的鲜活蚯蚓，用清净水漂洗干净以后，

加热煮沸5～7分钟，即可有效杀死蚯蚓体内、体外的寄生虫。一般应将洗煮后的蚯蚓切成小段，添加到饲料中混合喂鸭。对食不完的蚯蚓，宜干制贮存。

② 干喂　将洗净的蚯蚓放进烘干炉或红外线炉内，在60℃条件下烘干后放入粉碎机或研磨机，粉碎或研磨成蚯蚓粉。用蚯蚓粉喂鸭，鸭增重快、肉质好、产蛋多。鸭群应定期驱除寄生虫。

3. 养殖蝇蛆

(1) 蝇蛆营养价值　蝇蛆是家蝇的幼虫，含有丰富的蛋白质、脂肪酸、氨基酸、维生素、矿物质以及抗菌活性物质，是优良的动物蛋白饲料，被国际上列为昆虫蛋白资源之首。蝇蛆干粉含粗蛋白59%～65%，蝇蛆干粉的必需氨基酸总量为43.83%，超过了粮食与农业组织/世界性卫生组织建议的优良蛋白质必需氨基酸应占氨基酸总量40%的标准。蝇蛆及干粉中蛋白质含量与鱼粉、豆粕接近或略高。赖氨酸、蛋氨酸、胱氨酸、缬氨酸、酪氨酸、苯丙氨酸的含量均高于鱼粉，其中氨基酸含量是鱼粉的2.7倍，赖氨酸含量是鱼粉的2.6倍。

蝇蛆干粉中脂肪含量在12%左右，蝇蛆油脂中不饱和脂肪酸占68.2%，必需脂肪酸占36%（主要为亚油酸），蝇蛆所含必需脂肪酸均高于花生油和菜籽油。

蝇蛆中钾、钠、钙、磷等常量元素及铜、锌、铁、锰、硒等微量元素含量丰富。蝇蛆干粉中还含有丰富的维生素A、维生素D、维生素E和B族维生素，其中维生素B_1、维生素B_2和维生素B_{12}含量较高。此外蝇蛆体内还含有抗菌肽、几丁质、凝集素等多种生物活性成分。用蝇蛆代替部分鱼粉，可降低养殖成本。

(2) 家蝇生物学特性　家蝇生命周期短、繁殖能力强，其生长发育过程包括卵、幼虫（即蝇蛆）、蛹、成虫4个阶段（即一个世代），每个世代需12～15天。人工饲养家蝇，自卵至成熟幼虫只需4～5天。蝇蛹在室温22～32℃，相对湿度60%～80%时，经过3天可羽化成蝇。成蝇白天活泼好动，夜间栖息不动，3天后性成熟，雌雄开始交尾产卵。6～10日龄为产卵高峰期，以后逐日下降，25 日龄基本失去产卵能力；蝇卵经过 12～24 小时孵化成蛆，蝇蛆经过 5～6 天，3 次蜕皮后变成蛹。温度及培养基质对蛆的生长发育有很大影响，一般室温 22～32℃范围内，温度和培养基质养分越高，蛆生长发育越快。

家蝇的食性杂，几乎能在各种类型的有机腐殖物质中生存，如畜禽的粪便、农副产品的废弃物等，所以家蝇养殖的饲料来源广泛、价格低廉、生产成本极低，而且粪便处理后使其恶臭气味减低，对环境有利。

(3) 蝇蛆的养殖过程 分种蝇饲养和蝇蛆饲养两个阶段。

① 饲养种蝇 是为了获得大批蝇卵，供繁殖蝇蛆。

a. 制蝇笼 种蝇有飞翔能力须笼养。采用木条或直径 6.5 毫米钢筋制成 65 厘米×80 厘米×90 厘米的长方形框架，在架外蒙上塑料窗纱或细眼铜丝网，并在笼网一侧安上纱布手套，以便喂食和操作。每个蝇笼中配备 1 个饲料盆和 1 个饮水器。1 个笼可养成蝇4 万～5 万只。

b. 备饲料 种蝇用 5％的糖浆和奶粉饲喂。或将鲜蛆磨碎，取95 克蛆浆，5 克啤酒酵母，加入 155 毫升冷开水，混匀后饲喂。初养时可用臭鸭蛋，放入白色的小瓷缸内喂养。饲料和水每天更换1 次。

c. 育种蝇 可将蝇蛹洗净放入种蝇笼内，待其羽化到 5％时开始投食和供水。种蝇开始交尾后 3 天放入产卵盘。盘内盛入 2/3 高度的引诱料。引诱料用麦麸、鸡饲料或猪饲料，加入适量稀氨水或碳酸铵水调制而成。每天接卵 1～2 次，将卵与引诱料一起倒入幼虫培养室培养。

d. 控温湿 种蝇室的温度要控制在 24～30℃，空气相对湿度控制在 50％～70％。

② 饲养蝇蛆

a. 饲养设备 小量饲养可以用缸、盆等，大规模饲养宜用池养。用砖在地面砌成 1.2 米×0.8 米×0.4 米的池，池壁用水泥抹面。池口用木制框架蒙上细眼铜丝或筛绢做盖。

b. 蝇蛆培养培养料 可用畜禽粪，也可用酒糟、醪糟、豆腐渣和屠宰场下脚料等配制。培养料含水率 65%～70%，pH 值 6.5～7。每平方米养殖池倒入培养料 35～40 千克，厚度 4～5 厘米，每平方米接种蝇卵 20 万～25 万粒，重 20～25 克。接种时可把蝇卵均匀撒在料面上。保持培养室黑暗，培养料温度控制在25～35℃，培养几天后，培养料温度下降，体积缩小。此时应根据蝇蛆数量和生长情况补充新鲜料。

在 24～30℃ 温度下，经 4～5 个昼夜，蝇蛆个体质量可达 20～25 毫克。蝇蛆趋于老熟，除留作种用的让其化蛹外，其余蝇蛆可按以下方法分离采收。

（4）分离采收 根据蝇蛆的生理特征，蝇蛆在长大成熟后就会爬出粪堆化蛹，蝇蛆爬出粪堆后被育蛆池的池墙挡住了就会沿着墙边往两边走，快到收蛆桶边的时候，顺着桶边的小坡往上爬，刚爬到收蛆桶边上时，就会掉进收蛆桶中，自动分离蝇蛆。

① 强光照射分离 由于蝇蛆有怕强光特性，可采用强光照射，待其从培养料表面向下移动后，层层剥去表面培养料，底层可获得大量蝇蛆。反复多次，最后剩下少量粪料和少量蝇蛆。

② 水分离法 将蛆和剩余的培养料一齐倒入水缸中，经搅拌待蛆浮于水上面，用筛捞出。

（5）注意事项 修建蝇蛆养殖房舍时应结合当地的气候条件，根据苍蝇的生物学特性，应注意蝇房的温度、湿度的调节，注意确保光照充足，还要有通风设施，种蝇房的面积不宜过大等，不要盲目修建，否则易造成房间不保温或调节温度的成本过高，只能在夏秋季节高温天气进行生产，利用率低。

应保证养殖房内的温度比较稳定，27℃ 左右时最适宜苍蝇生长，粪料中的温度太低，粪料温度在低于 27℃ 时，蝇蛆就很难吸收粪料中的养分，幼蛆易爬出粪堆。

注意粪料的湿度，如湿度过低应及时洒水，湿度过高则应加料调低。室内采光和通风条件要好。

注意养殖房内卫生，适时清除笼内死蝇，消除异味，经常清理食料盘与海绵，海绵在 15 天左右更换 1 次，每天都要用新鲜的食物饲喂苍蝇。

集卵物要现配现用；在养殖房内严禁吸烟，养殖员或参观者进入养殖房内要轻轻走动，严禁驱吓苍蝇。

适时补充种蝇，以确保种蝇的数量；防止种蝇退化，用不同的蝇笼中取出的蝇蛆混合后生长成蛹，再分别投入到蝇笼中补充蝇种；种蝇喂养一段时间后应更换或重新驯化种蝇。保证充足的饲料和饮水，粪便发酵彻底，无异味，粪料内还应加入部分秸秆以保证其透气性。集卵物应新鲜，否则在苍蝇养殖过程中常发现种蝇总是停留在光线较强的地方，活动不频繁，不愿吃食，不产卵或产卵极少。

为确保蝇蛆进入收蛆桶，养殖房内的温度应在 25℃ 以上。如果养殖房内温度过低，不利于蝇蛆生长、活动，而粪堆中温度高，蝇蛆爬出来马上感觉到外面的温度对化蛹会不利，只好在粪堆中化蛹。育蛆池内的粪便不宜堆积过多，并在育蛆四周给蝇蛆长大后爬出粪堆留下足够的活动空间，如有散落的粪料应及时清理。

饲养蝇蛆只要严格按照操作规范进行，防止成蝇从饲养笼中飞出，就可以确保在蝇蛆养殖时看不到乱飞的苍蝇。

（6）使用方法　分离出的蝇蛆洗涤后可以直接用来饲喂，或在强日光下晒干，也可在 200～250℃ 烘干 15～20 分钟，贮存备用。蝇蛆可饲喂 10 日龄以上的雏鸭，开始饲喂时应少喂，逐渐增加，最多喂至半饱为宜。以白天投喂较好，在傍晚投喂的宜在天黑前喂完，以免吃完蝇蛆后鸭口渴找不到水喝，造成不安。喂饱的鸭不要马上下水。

第四节　鸭的饲养标准与饲料配制技术

饲料质量的高低，直接影响鸭健康、生产潜力的发挥及经济效益。配制饲料必须了解各种营养物质的作用和它们在各种饲料中的准确含量，参照饲养标准，配制出能满足鸭不同阶段营养需要的最佳日粮，才能降低饲养成本，提高经济效益。

一、鸭的饲养标准

饲养标准是根据科学试验和生产实践经验的总结制订的。但在生产实践中，因为鸭的品种、日粮的组成、气候条件、市场需求以及其他饲养管理条件不同，对日粮中各种养分的需要量也不同。应把饲养标准作为参考，因地制宜，灵活地加以应用。我国蛋用鸭的营养需要量和我国台湾鸭的营养需要量见表4-2、表4-3。

表4-2　我国蛋用鸭的营养需要量

营养成分	0~2周龄	3~8周龄	9~18周龄	产蛋期
代谢能/(兆焦/千克)	11.51	11.51	11.30	11.10
粗蛋白/%	20.00	18.00	15.00	18.00
精氨酸/%	1.20	1.00	0.70	1.00
蛋氨酸/%	0.40	0.30	0.25	0.33
蛋氨酸+胱氨酸/%	0.70	0.60	0.50	0.65
赖氨酸/%	1.20	0.90	0.65	0.90
钙/%	0.90	0.80	0.80	2.50~3.50
磷/%	0.50	0.45	0.45	0.50
钠/%	0.15	0.15	0.15	0.15
氯/%	0.15	0.15	0.15	0.15

表4-3　我国台湾鸭的营养需要量

营养成分	肉用鸭		蛋用鸭			
	0~3周龄	4~8周龄	0~3周龄	4~8周龄	9~22周龄	产蛋
代谢能/(兆焦/千克)	12.34	12.55	12.34	11.72	11.30	11.72
粗蛋白质/%	18.50	16.50	19.00	16.50	15.00	18.00
赖氨酸/%	1.20	0.80	1.20	0.80	0.72	0.90
蛋氨酸+胱氨酸/%	0.80	0.60	0.80	0.60	0.56	0.65

续表

营养成分	肉用鸭		蛋用鸭			
	0～3周龄	4～8周龄	0～3周龄	4～8周龄	9～22周龄	产蛋
色氨酸/%	0.25	0.19	0.25	0.19	0.18	0.20
钙/%	1.00	0.90	1.00	0.90	0.70	2.50
磷/%	0.70	0.65	0.70	0.65	0.60	0.65

二、日粮的配合

1. 日粮配合的一般原则

鸭日粮要以鸭的饲养标准、常用饲料营养成分表、各种饲料原料的品质和特性为依据科学配制。首先要根据不同品种、不同饲养阶段鸭的营养需要，选择恰当的饲养标准。同时还要根据具体饲养管理条件、饲养方式、当地饲料资源情况、饲养季节对鸭饲养期的需求等做适宜调整，灵活掌握，才能保证鸭群健康、很好地发挥生产性能，降低饲养成本，获得较好的经济效益。

（1）符合鸭的消化生理特点　配合日粮时，饲料原料的选择既要满足鸭的需求，又要与鸭的消化生理特点相适应，包括饲料的适口性、粗纤维含量等。日粮中粗纤维含量不能过高，一般不超过5%，最好在3%左右。

（2）符合饲料卫生质量标准　选用饲料原料时，应控制一些有毒物质、细菌总数、霉菌总数、重金属盐等不能超标。进行无公害饲料配制，严格遵守相关条例、法规要求的饲料和饲料添加剂卫生指标，严格遵守"饲料添加剂安全使用规范"，严格执行添加剂禁用规定和停用期规定，不超量、超限使用药物。

（3）安全、经济　配制日粮时所用饲料应质量良好，不使用发霉变质的饲料或含有毒素的饲料原料，如菜籽饼粕、棉籽饼粕，应在脱毒后使用。应因地制宜，尽量选择当地资源丰富、物美价廉的饲料，饲料原料应多样化，并要考虑饲料价格，在满足营养需要的前提下，降低饲料成本，提高饲养效益。

2. 饲料配方计算

为了满足鸭的生长发育和产蛋的需要，必须按照各类鸭营养标准的需要，选定饲养标准，将多种饲料进行合理搭配，配制成全价日粮。饲料配方的计算和制订是一项较烦琐的工作。饲料配方的指标越多，运算过程越复杂。目前，多采用计算机来帮助设计配方。

饲料配方计算方法常用试差法。试差法是将计算的所配饲料提供的各种营养物质总量结果与饲养标准对照，并根据两者之差反复调整各种原料给量，以使其差异逐渐减少直至消失。首先，根据鸭的品种和生产性能等，从饲养标准中找出各种营养物质的需要量；然后，选择适当的饲料原料，初步确定日粮中各种原料的大致比例；其次，查饲料营养成分表，用配方中各种饲料的百分数乘以该饲料营养成分含量；再次，将各种原料的同种营养成分之积相加，即得到该配方的每种营养成分的总量；最后，将所得到的结果与标准要求相比，若差异较大，则可增减某些饲料，以求最后与标准基本一致。

三、饲料加工方法

一般饲料在喂食前，须经过加工调制，以改善饲料的适口性，增进食欲，提高饲料消化率和吸收率，减少饲料浪费，从而提高鸭的生产性能，降低饲养成本。

饲料加工调制的主要方法如下。

1. 粉碎

饼类及较大的谷粒和籽实，如小麦、大麦、玉米和稻谷等，有坚硬的外壳和表皮，整粒饲喂不容易被消化吸收，须粉碎，但粉碎不能太细，一般加工成2～3毫米的小颗粒。

2. 浸泡

较坚硬的谷粒和籽实，如小麦、小米、稻谷等饲料，浸泡后体积增大、柔软，适口性好，容易消化。要注意浸泡的时间，以泡软为宜，否则浸泡时间太长会引起饲料变质。

3. 蒸煮

谷粒和籽实及块根、瓜类，如玉米、小麦、大麦、甘薯、胡萝卜、南瓜等，经过蒸煮后可增加适口性和提高消化率。但这些饲料经过蒸煮后，会破坏其中的一些营养成分，最好用粉碎和切碎的方法，而不用蒸煮。

棉籽饼、菜籽饼等含有毒素，必须经过蒸煮加热处理或使用其他方法去毒后才可饲喂。生鲜的杂鱼及下脚料，含有硫胺素酶，能破坏维生素 B_1，经煮熟加热后可破坏硫胺素酶，提高其营养价值。

4. 切碎法

切碎法是青绿饲料、块根和瓜类饲料最简单的加工方法，切碎后有利于鸭的吞咽和消化。如青菜、水草、苜蓿、甘薯、胡萝卜和南瓜等，饲喂前先洗净，再切碎饲喂，一般随切随喂，切后不宜久放，以免变质。

5. 拌湿

经粉碎后的干粉料喂鸭，适口性差，饲料浪费大，须加水拌湿饲喂。一般以拌成疏松、用手一抓可以捏成团、放开后又能疏松地散开为好。湿料要现拌现喂，以防腐败变质。

6. 制成颗粒

用颗粒饲料机制成颗粒，颗粒饲料的营养价值全面，适口性好，便于采食，减少饲料浪费。

7. 干燥法

苜蓿、三叶草、野豌豆等豆科牧草及禾本科牧草等可经晾晒制成青干草，干燥的牧草及树叶经粉碎加工后，作为配合鸭饲粮的原料，补充饲粮中的粗纤维、维生素等。

四、饲料分类及饲喂方法

1. 粉料

粉料即将各种饲料原料粉碎，然后按照鸭营养要求，再加入维生素、微量元素等添加剂，混合成比较均匀的一种粉状饲料，细度大约在 0.25 毫米以上。这种饲料的生产设备及加工工艺均比较简单，生产成本低。

粉料可干喂和湿喂。

粉料干喂是将混合均匀的干粉，直接喂鸭。这种喂法不但适口性差，而且饲料浪费也较大，一般不宜采用。

粉料湿喂是将混合均匀的干粉料用清水拌好饲喂，能提高鸭的适口性。拌的料不要太湿或太干，太湿黏嘴，不易吞咽；太干适口性差，也不便吞咽。一般干粉料应拌成疏松状，以用手抓可捏成团、放开后又能疏松地散开为宜。粉料湿喂在夏季或喂饲时间过长时剩料易酸败变质。所以，最好是现拌现喂，还要经常刷洗食槽。这种喂料方法一般适合于小规模饲养时使用。

2. 颗粒料

颗粒料是以粉料为基础，经过蒸汽、加压处理而制成的粒状饲料。颗粒饲料生产成本较高，但饲料密度大、体积小，营养全面，易采食，适口性好，浪费少。不同品种、不同阶段都可以使用，集约化饲养的多采用颗粒料饲喂。用颗粒饲喂肉鸭效果好，但饲养种鸭要注意限食，否则易于出现过肥现象。颗粒料的直径一般为4.5毫米。

3. 碎粒料

碎粒料用机械方法将颗粒料再经破碎加工成细度为2毫米左右的碎粒。其特点与颗粒料相同，但加工成本高。粒料经浸泡或蒸煮后饲喂鸭，不但采食容易，适口性好，而且无法挑食，也不致造成饲料浪费，主要用于饲喂雏鸭。

第五章 生态养鸭的饲养管理技术

第一节 鸭的生物学特性

一、喜水性强

鸭是水禽，喜水性强，鸭的觅食、洗毛、行进、嬉戏、交配均在水域进行，产蛋、休息时才到陆地上。鸭的尾脂腺发达，能分泌含有脂肪、卵磷脂、高级醇的油脂，鸭在梳理羽毛时，常用喙压迫尾脂腺，挤出油脂，再用喙均匀地涂抹于全身羽毛上，来润泽羽毛，使羽毛不被水所浸湿，能有效地起到隔水防潮、御寒的作用。养鸭场应有良好的水源和宽阔的水域。但鸭休息时需要干燥场地，因为潮湿栖息环境不利于冬季保温和夏季散热，并且容易使鸭腹部羽毛受潮，加上粪尿污染，使羽毛腐烂、脱落，对鸭生产性能的发挥和健康不利。

二、合群性强，易管理

鸭性情温驯，胆小易惊，只要有比较合适的饲养条件，不论鸭日龄大小，混群饲养都能和睦共处，争斗现象不明显，适于大群放牧饲养和圈养，鸭群放牧中可以远行数十里而不紊乱，管理较容易。但在喂料时一定要让群内每只鸭都有充分的吃料位置，否则，将有一部分个体由于吃料不匀而消瘦。

三、食性广泛，耐粗饲

鸭是杂食动物，食谱比较广，很少有择食现象，颈长灵活，又有良好的潜水能力，能广泛采食各种动植物性食料。"鸭吃三十六螺蛳，七十二草籽"，说明了鸭的食物广泛，种类繁多。鸭的味觉不发达（味蕾数量少），对饲料的适口性要求不高，凡无酸败和异味的饲料都会无选择地大口吞咽，对异物和食物无辨别能力，常把异物当成饲料吞食。鸭的口叉深，食道大，能吞食较大的食团。鸭舌边缘分布有许多细小乳头，这些乳头与嘴板交错，具有过滤作用，使鸭能在水中捕捉到小鱼虾，并且有助于鸭对采食的饲料适当磨碎。鸭的肌胃发达，消化力也强，肌胃内经常储存有沙砾帮助消化。

四、耐寒

鸭因羽毛紧密，绒层厚，具有较强的保暖作用。鸭对气候的适应性较强，热带和寒带都能生活。但一般来说鸭较耐寒而不耐热，在2℃左右的低温下，它依然在水中活动自如，在10℃环境下可以保持高产蛋率。30℃以上的气温，适应性差，喜欢长时间浮在水面或入水纳凉。

五、生活规律

鸭有较好的条件反射能力，可以按照人们的需要和自然条件进行训练，形成鸭群各自的生活规律。如觅食、戏水、休息、交配和产蛋都具有相对固定的时间。放牧饲养中，一般是上午以觅食为主，间以浮游和休息；中午以浮游、休息为主，间以觅食；下午则以休息居多，间以觅食。一般说来，产蛋鸭傍晚采食多，不产蛋鸭清晨采食多，这与晚间停食时间长和形成蛋壳需要钙、磷等有关，因此早晚应多投料。

六、无就巢性

鸟类的就巢性（俗称"抱窝"）是繁衍后代的生活习性。但鸭经过人类长期驯养、驯化和选种配种，已经丧失了这种本能，这样就增长了鸭产蛋的时间，而种蛋的孵化和雏鸭的养护就由人们采用高效率的办法来完成。但生产实践中仍有一少部分鸭在日龄过大或气候炎热时出现就巢现象。

七、抗病力强

鸭的祖先生活在水中，由于水源受到污染机会较多，鸭受疾病威胁较大。为了获得较好的抗病能力，鸭在漫长进化过程中，免疫器官如胸腺等退化较晚，这样就大大地增强了机体的抗病能力。所以鸭的抗病力较强，并且感染发病的疾病种类相对较少，注射疫苗后免疫效果较好。

八、定巢性

鸭产蛋具有定巢性，第一个蛋产在什么地方，以后仍到什么地方产蛋，如果这个地方被别的鸭占用，则会在门口站立等待而不进旁边空窝。由于排卵在产蛋后半小时左右，等待时间过长，延迟排卵，会减少产蛋量。如果无处产蛋便另找一个较为安静的去处，使窝外蛋和脏蛋增多。因此，在开产前应设置足够的产蛋箱。鸭产蛋具有喜暗性，昏暗安静的地方产蛋有安全感，产蛋也顺利。鸭产蛋多在后半夜至凌晨，应在产蛋集中的时间增加收蛋次数。

九、生长快

肉用鸭生长速度快，7周龄活鸭重可达3000克以上。

十、繁殖率高

大型肉鸭配套系母鸭开产后，40周可产合格种蛋180枚以上，获得肉用仔鸭120～130只。蛋用型鸭120日龄左右开产，年产蛋280～300枚。

十一、其他

鸭喜食颗粒饲料，不爱吃过细的饲料和黏性饲料，有先天的辨色能力，喜采食黄色饲料，在多色饲槽中吃料较多，喜在蓝色水槽中饮水，鸭愿饮凉水，不喜饮高于体温的水，也不愿饮黏度很大的糖水。

第二节　生态养鸭的环境管理

鸭的生产、生活离不开环境，环境质量的好坏直接影响鸭的生产性能和健康。通过对环境的控制和改善，为鸭提供适宜的环境条件是生态养鸭的重要措施。

一、鸭的生产与应激

1. 应激的概念

应激原意是指压力、紧张、应力。是机体对外界或内部的各种非常刺激所产生的非特异性应答反应的总和。

应激反应的目的在于动员机体的防御机能克服应激原的不良作用，保持机体在极端情况下的内稳态。应激反应是机体在长期的进化过程中形成的一种扩大适应范围的生理反应。只有在应激反应不能克服不良的刺激时，才导致不可逆的衰竭状态。

2. 养鸭生产中常见的应激源

（1）环境因素　过冷过热、强辐射、气流（通风不良、贼风等）、空气质量差、强噪声，以及空气中氨气、硫化氢、二氧化碳等有害气体浓度过高等。

（2）饲养管理因素　饲养密度过大、运动不足、抓捕、饥饿或过饱、饲料营养不足或不平衡、转群、饲养员的态度差、日粮突变等。

（3）运输因素　环境不断变化、晃动、拥挤、饥饿、缺水等。

（4）防治因素　接种疫苗、各种投药、体内驱虫、各种抗体检测等。

（5）中毒因素　饲料中毒、药物中毒、其他中毒等。

（6）其他因素　微生物的潜在感染、外伤等。

3. 应激对鸭的健康和生产力的影响

应激使机体的内环境发生调整和改变，在未获得适应之前，抵抗力和免疫力在惊恐反应阶段会降低；如果应激原强烈或时间过长，应激反应进入衰竭阶段，将会造成机体适应机能不可逆转地急剧降低。因此，在惊恐反应和衰竭阶段会提高家畜的易感性，导致疾病发生，影响动物健康和生产性能，甚至引起死亡。

4. 预防措施

可以从以下方面采取措施，对应激进行预防。

（1）改善饲养管理，降低环境负荷

① 加强环境管理　主要指鸭场环境控制，包括对鸭场的热环境、空气、水源、废弃物的管理与环境消毒。

② 满足营养需要，饲喂全价日粮。

③ 适当的锻炼。

（2）科学设计鸭场、鸭舍　充分考虑鸭的生理特点，从鸭场的场址选择、场地规划布局、鸭舍设计等方面综合考虑，科学决策，以最大限度地减少环境应激。

（3）抗应激添加剂或药物的使用

① 抗应激添加剂　营养性添加剂（如氨基酸、维生素添加剂）可以提高机体的抗应激能力。维生素类如维生素 C、维生素 E、维生素 B 有防治应激效果。

② 促适应剂　使用有机酸（柠檬酸、琥珀酸、苹果酸、延胡素酸）、电解质（$NaHCO_3$、NH_4Cl、KCl、$NaCl$）、微量元素（锌、硒、铬等）、氨基酸及其螯合剂、中草药制剂及其复方制剂（党参、黄芪、山药、淫羊藿、何首乌、当归、白术、金银花、黄连等）。

二、空气中有害气体、恶臭及其控制

1. 氨气

（1）性质　氨气是一种有毒、无色、有强烈刺激性臭味的气体。氨气极易溶于水，形成氨水，溶液呈碱性。0℃时，1升水可以溶解 907 克氨。可感觉最低浓度为 5.3 毫克/米^3。

（2）来源及分布　在鸭舍内，氨主要由含氮有机物（如粪、尿、饲料、垫草等）分解产生。氨气的含量取决于舍内温度、饲养密度、通风情况、地面结构、饲养管理水平、粪污清除等。氨易溶于水，在高湿空气中氨的浓度相对较高。

（3）对鸭的危害

① 刺激性　在鸭舍中，氨常被溶解或吸附在潮湿的地面、墙壁和鸭的呼吸道黏膜上。刺激呼吸道黏膜，引起黏膜充血、喉间水肿。鸭舍空气中含氨量大时，氨气会和眼睛中的液体结合成氨水，进而导致鸭只角膜炎、结膜炎。

② 氨气被动物吸入呼吸系统后，可引起上呼吸道黏膜充血、支气管炎，严重者引起肺水肿、肺出血等。氨气由肺泡进入血液后，可与血红蛋白结合成碱性高铁血红素，降低血液的输氧能力，导致组织缺氧。

③ 在低浓度氨气的长期作用下，鸭体质变弱，对某些疾病产生敏感，采食量、日增重量、生产力都下降。

（4）卫生标准　雏鸭舍氨气的最高允许浓度为 10 毫克/米^3，成年鸭舍中氨气的最高允许浓度为 15 毫克/米^3。

2. 硫化氢

（1）性质　硫化氢（H_2S）是一种无色、易挥发的恶臭气体，易溶于水。在 0℃时，1 体积的水可溶解 4.65 体积的硫化氢。分子量为 34.09，相对密度为 1.19。

（2）来源　家禽采食富含蛋白质的饲料而消化不良时，由肠道排出大量的硫化氢。当供给的饲料蛋白质成分较高时，舍内空气中硫化氢的含量亦较高。在通风良好的禽舍中，硫化氢浓度可在 15.58 毫克/米^3 以下。如果通风不良或管理不善，则硫化氢浓度大为增加，甚至达到中毒的程度。

（3）对鸭的危害　刺激动物黏膜，易溶于动物黏膜中的水分，并与黏液中的钠离子结合生成硫化钠，对黏膜产生的刺激作用加强。引起眼结膜炎，表现流泪、角膜混浊、畏光等症状；硫化氢还会引起鼻炎、气管炎、咽喉灼伤甚至肺水肿。

（4）卫生学要求　雏鸭舍空气中硫化氢最高允许浓度为 2 毫克/米^3。成年鸭舍空气中硫化氢最高允许浓度为 10 毫克/米^3。

3. 一氧化碳

（1）性质　一氧化碳为无色、无味、无臭的气体。分子量为28.01，相对密度为 0.967。标准状态下，每毫克一氧化碳的容积为 0.8 毫升，比空气略轻。在鸭舍空气中一般没有一氧化碳。一氧化碳主要来自含碳燃料的不完全燃烧。当冬季育雏，在封闭鸭舍内生火炉取暖时，如果煤炭燃烧不完全，可能产生一氧化碳，特别是在夜间，门窗关闭，通风不良，此时一氧化碳浓度可能达到中毒的程度。

（2）一氧化碳对动物的危害　一氧化碳对血液和神经系统具有毒害作用。

一氧化碳随空气吸入体内后，通过肺泡进入血液循环系统，与血红蛋白和肌红蛋白进行可逆性结合，造成机体急性缺氧。中枢神经系统对缺氧最为敏感。缺氧后，可发生血管壁细胞变性，渗透性增高，严重者呈脑水肿，大脑及脊髓有不同程度的充血、出血和血栓形成。

一氧化碳中毒后对机体有持久的毒害作用。

空气中一氧化碳的浓度为 59 毫克/米^3 时，可使人轻度头痛；120 毫克/米^3 可使人中度头痛、晕眩；293 毫克/米^3 时，出现严重头痛、头晕；580 毫克/米^3 时，出现恶心、呕吐；1170 毫克/米^3 时出现昏迷，11704 毫克/米^3 时死亡。

（3）卫生学要求　我国卫生标准规定空气中一氧化碳的日平均量最高容许浓度为 1 毫克/米^3；一次最高容许浓度为 3 毫克/米^3。

4. 二氧化碳

（1）来源　大气中二氧化碳的含量为 0.03%～0.04%，而在鸭舍空气中二氧化碳含量则大大增加。鸭舍中二氧化碳主要来源于鸭的呼吸。

（2）二氧化碳对动物的危害 二氧化碳本身无毒性，它的危害主要是造成动物缺氧，引起慢性毒害。

二氧化碳的卫生学意义在于，它可表明禽舍空气的污浊程度，同时亦可表明禽舍空气中可能存在其他有害气体。因此，二氧化碳的存在可以作为禽舍空气卫生评价的间接指标。

（3）卫生学要求 鸭舍空气中二氧化碳的最高允许浓度应为1500毫克/米^3。

5. 恶臭物质

（1）恶臭的性质 凡是能损害人类生活环境、产生令人难以忍受的气味或使人产生不愉快感觉的气味通称恶臭。恶臭来自鸭的粪便、污水、垫料、饲料、畜尸等的腐败分解产物，新鲜粪便、消化道排出的气体等。

恶臭物质主要包括挥发性脂肪酸、酸类、醇类、酚类、醛类、酮类、酯类、胺类、硫醇类以及含氮杂环化合物等有机成分，氨气、硫化氢等无机成分。如胺类散发出腐败的臭鱼味，氨类和醛类的刺鼻味，硫化氢的臭鸡蛋味，有的类似烂洋葱或烂洋白菜味等。

（2）危害 恶臭的成分及其性质非常复杂，其中有一些并无恶臭甚至具有芳香味，但对动物有刺激性和毒。此外，恶臭对人和动物的危害与其浓度和作用时间有关。低浓度、短时间的作用一般不会有显著危害；高浓度臭气往往会导致对健康损害的急性症状，但在生产中这种机会较少；值得注意的是低浓度、长时间的作用，有产生慢性中毒的危险，应引起重视。

所有的恶臭物质都能影响人畜的生理机能，危害呼吸系统、循环系统、消化系统。经常接触恶臭，会使人厌食、恶心，甚至呕吐。对精神也有不良影响。

动物突然暴露在有恶臭气体的环境中，就会反射性地引起吸气抑制，呼吸次数减少，深度变浅，轻则产生刺激，发生炎症；重则使神经麻痹，窒息死亡。经常受恶臭刺激，会使内分泌功能紊乱，影响机体的代谢活动。

（3）恶臭的评定 对某一恶臭污染源所排放的恶臭物质种类、性质、污染范围及恶臭强度等做检验评价时，多采用访问法和嗅觉法。我国对恶臭强度的表示方法采用6级评定法（表5-1）。嗅觉是人的主观感觉，不同的人对相同臭气给出的嗅阈值可能是不同的，会有一定的误差，在生产实践中须予以考虑和注意。

表 5-1 恶臭强度 6 级表示

级别	嗅觉感觉
0	无臭
1	能稍微感觉到极弱臭味
2	能辨别出何种气体的臭味
3	能明显嗅到臭味
4	强烈臭味
5	强烈恶臭气体使人恶心、头疼、呕吐

6. 减少鸭场（舍）有害气体和恶臭的措施

（1）科学设计鸭舍 鸭舍的建筑合理与否直接影响舍内环境卫生状况，鸭舍设计时，应做好通风、保温、隔热、防潮设计，以利于有害气体的排出，如鸭舍必须建在地势高燥、排水方便、通风良好的地方，鸭舍侧壁或顶部要留有充分的排风口，以保证有害气体能及时排除。鸭舍内应是水泥地面，以利于清扫和消毒。

（2）加强日常管理 保持鸭舍内及周围的清洁卫生，鸭舍内要求清洁干燥，及时排除鸭舍中的粪便等，防止鸭粪在舍内停留时间过长而产生大量有害气体。用垫料平养时，垫料不可潮湿，否则应及时换掉。鸭舍周围要防止污水积留，避免粪便随处堆积。

（3）适当降低饲养密度。

（4）搞好鸭舍通风换气 采用科学的方法合理组织通风换气方式，保证气流均匀不留死角，可及时排出鸭舍有害气体。

（5）利用丝兰提取物、木炭、活性炭、生石灰等具有吸附作用的物质吸附空气中的有害气体。

三、空气中的微粒、微生物及其控制

1. 空气中的微粒

（1）微粒分类 微粒是空气中存在的液态和固态的颗粒。由于成分不同可分为无机微粒和有机微粒。根据其物理特性和直径不同，分为烟、尘、雾三类。

粒径大于 1 微米固态粒子称为尘，分为飘尘和降尘。

① 飘尘 粒径 1～10 微米，能长期在空气中飘浮。

② 降尘 粒径大于 10 微米，由于重力作用迅速降落地面。

粒径≤10 微米的颗粒物可以被人畜吸入呼吸道，与人畜健康的关系更为密切，更能反映出大气质量与人畜健康的关系。

（2）鸭舍中微粒来源

① 鸭的活动，羽毛的细屑、皮屑、飞沫等。

② 管理人员清扫鸭舍和地面。

③ 翻动或更换垫草垫料。

④ 分发干草和粉料。

鸭舍内空气微粒的含量远比大气中高，而且主要是有机性的。鸭舍中空气微粒的数量因鸭只数量、饲养管理方式而有很大差别。如果舍内有病鸭或带菌鸭，病原体通过微粒使疾病很快蔓延。

（3）对鸭的危害 微粒降落在鸭的体表上，可与皮脂腺的分泌物、细毛、皮屑等混合在一起，黏结在皮肤上，引起皮肤发痒，甚至发炎。大量的微粒可以进入呼吸道内。微粒大小影响进入呼吸道深度和停留时间，其中粒径 5～10 微米的微料可被上呼吸道阻留 60%～80%，粒径小于 5 微米的可进入肺部，小于 0.4 微米的可自由进出肺泡。被阻塞在鼻腔内的无机微粒，对鼻腔黏膜发生刺激作用，若微粒中夹带病原微生物，可使鸭感染。进入气管或支气管的微粒，由于纤毛上皮运动、咳嗽、吞噬细胞的作用而引起转移，部分溶解于支气管黏膜中，可以使鸭发生气管炎或支气管炎。有的微粒进入细支气管末端和肺泡内滞留。侵入肺泡的微粒，部分可随呼吸排出，部分被吞噬溶解，有的停留在肺组织内，引起肺炎等。部分停留在肺组织的微粒，可通过肺泡间隙，侵入周围结缔组织的淋

巴间隙和淋巴管内，并能阻塞淋巴管、引起尘肺病（肺尘埃沉着病）。此外，尘埃是微生物的良好载体和庇护所，并可吸附氨气和硫化氢等有害气体。

鸭舍中微粒（尘埃）的含量不超过 $2\sim5$ 毫克/米^3。

2. 空气中的微生物

由于空气中缺乏水分和营养物质，温度变化，以及阳光中紫外线的杀菌作用，使得空气中的微生物很快就会死亡。只有产生芽孢或具有色素的细菌，真菌的孢子（霉菌、放线菌、真菌、真菌孢子、酵母菌、芽孢杆菌的芽孢、某些产生色素的球菌等）抵抗力强，能存活。空气中大多数是非致病菌。但空气中夹杂着大量灰尘，微生物可以附着在上面生存。所以，空气中微生物的数量同灰尘的多少有着直接关系。一切能使空气中灰尘增多的因素，都会使微生物随之增多。

大多微生物的数量可为每立方米上百、上千或上万个，并因天气而变化。种类大约有 100 种，大多为非致病菌，其中也有些致病菌。如绿脓杆菌、葡萄球菌。在禽舍空气中，由于微粒多、紫外线少、空气流速慢以及微生物来源多等原因，使禽舍空气微生物往往较舍外多，其中病原微生物更可对家禽造成严重的危害。如果舍内有家禽受到感染而带有某种病原微生物，可以通过喷嚏、咳嗽等途径将这些病原微生物散布于空气中，并传染给其他家禽。

鸭舍空气中的病原微生物可附着在飞沫和尘埃两种不同的微粒上，传播疾病。

（1）飞沫传染　当禽咳嗽或打喷嚏时可喷出大量的飞沫液滴，喷射距离可达 5 米以上，滴径小的可形成雾扩散到禽舍的各部分，滴径在 10 微米左右的，由于重量大而很快沉降，在空气中停留很短。而粒径小于 1 微米的飞沫，可长期飘浮在空气中。大多数飞沫在空气中迅速蒸发并形成飞沫核，飞沫核由唾液的黏液素、蛋白质和盐类组成，附着在其上的微生物因得到保护而不易受干燥及其他因素的影响，有利于微生物的生存，其粒径一般小于 2 微米，属于飘尘，可以长期飘浮于空气中。故可侵入家禽支气管深部和肺泡而发生传染。通过飞沫传染的，主要是呼吸道传染病，如流行性感冒等。

（2）尘埃传染 病禽排泄的粪便、飞沫、皮屑等经干燥后形成微粒，极易携带病原微生物飞扬于空气中，当易感动物吸入后，就可传染发病。通过尘埃传播的病原体，一般对外界环境条件的抵抗力较强，如链球菌、霉菌孢子等。

3. 鸭舍中微粒和微生物控制措施

（1）对鸭场进行合理选址、规划、布局，鸭场周围设防疫沟，防止小动物将病原微生物带入场内。进出场区的人员和车辆必须消毒。

（2）及时隔离病鸭，避免病原微生物的传播。

（3）及时清除粪便和污水；清洗和消毒，可以使鸭舍空气中的细菌数量下降。

（4）保证良好的通风换气，及时排出舍内微粒。机械通风时可在进气口设防尘装置，进行空气过滤。

（5）绿化可以使尘埃减少 $35\% \sim 67\%$；细菌减少 $22\% \sim 79\%$。

第三节　生态养鸭的育雏技术

雏鸭是指 $0 \sim 4$ 周龄的鸭，雏鸭饲养的好坏直接影响到今后鸭群的发展、鸭的生长发育以及今后种鸭的产蛋量和蛋的品质，提高育雏期成活率是育雏阶段的重要任务。刚出壳的雏鸭个体小、绒毛稀短、体温调节能力差、对外界环境的适应性差、抵抗力弱，如饲养管理不善，容易引起疾病，造成死亡。从雏鸭出壳起，必须创造适宜的环境条件和进行精心地饲养管理。林地生态养鸭时，雏鸭的体温调节功能不健全，不能直接把雏鸭放到林地、果园散养，应在育雏室中育雏。

一、雏鸭的生理特点

1. 体温调节能力弱

刚出壳的雏鸭个体小，绒毛稀短，缺乏体温调节能力，难以适应外界较大的温差变化，既怕冷又怕热。所以育雏期间必须进行保温，给雏鸭提供适宜的温度环境。直到鸭的体温调节机制趋于完善后，根据情况逐渐脱温（停止保温）。

2. 生长发育快，新陈代谢旺盛，对饲料营养要求高

雏鸭的生长发育迅速，4周龄时体重比出生时体重增加24倍，所以育雏期间在饲养上对饲料营养要求高，应供给充足而优质的高蛋白的全价饲料，保证雏鸭健康和正常生长发育所需的营养。

3. 胃容积小，消化能力弱

刚出壳的雏鸭的嗉囊和肌胃容积小，贮存食物很少，消化能力差，消化系统需要逐渐发育完善。但雏鸭生长极为迅速，对营养需求量大，因此，配制雏鸭料时，需选用质量好、容易消化的原料，配制营养水平高的饲料。在饲养管理上应做到精心、细心，少量多次，不断供水，以满足雏鸭生理需要。饲养管理不当，雏鸭会因消化不良而引发肠道疾病。

4. 抗病力差，容易生病

雏鸭的免疫机能还未发育完善，对外界的适应力差，对疾病的抵抗力弱，容易受到各种病原微生物的侵袭而感染各种疾病。育雏期除给鸭提供适宜的温度、湿度，空气新鲜等良好的环境外，还应注意环境的突然变化，尤其应加强夜间的温度保持，防止温度忽高忽低，使鸭患病。

5. 敏感性强，易受惊吓

雏鸭对外界环境的微小变化非常敏感，外界的任何刺激都会导致雏鸭情绪紧张而四处乱窜，影响采食和生长发育，甚至引起死亡。育雏环境需要安静，防止异常声响、噪声，防止鼠、雀、害兽的突然骚扰，并需要精心、细致而有规律的饲养管理。可以对环境可能出现的应激条件如各种声响、黑暗环境、强光照、各种颜色等，在出壳后30小时内让雏鸭适应，习惯后就不会因这种刺激引起紧张而四处乱窜。

6. 抵抗力差

雏鸭对外界环境的抵抗力差，容易感染疾病。育雏期间应特别重视防疫卫生工作。

7. 无自卫能力，易受侵害

雏鸭没有自卫能力，易受鼠、猫、蛇、狗、野兽及天敌野鸟的侵害，育雏舍要有安全防卫设施。

二、育雏前的准备工作

为保证育雏工作顺利进行，保证雏鸭健康，保持良好的生产性能，育雏前必须做好各项准备工作。

1. 制订育雏计划

包括育雏总数、批数、每批数量、时间、饲料、疫苗、药品、垫料、器具、育雏期操作、光照计划等。

2. 饲养人员安排

育雏是细致、艰苦的工作，要求育雏人员责任心强、吃苦耐劳、细心，育雏过程技术性强，饲养员最好有一定的技术性和养鸭经验。

3. 雏鸭舍的要求

雏鸭舍要求：根据育雏期要求的饲养密度，保证有充足的鸭舍面积。育雏鸭舍要求保温性好，室温要求 20～25℃。便于通风、清扫、消毒和饲喂操作。

4. 育雏舍的整理、消毒和试温

（1）鸭舍检修　对育雏鸭舍进行检查和维修。全面检查鸭舍能否有良好的保温性能和通风换气能力，采光性能能否达到要求，灯具的完整性等。如发现问题应及时维修。

（2）清洗、打扫卫生　新建的鸭舍应打扫卫生，对鸭舍和饲养工具进行除尘和清洗。旧鸭舍应在上一批鸭出栏或转出以后，空舍2周再进行使用。进鸭前应对鸭舍进行彻底的清扫，将粪便、垫草清理出去。对地面、墙壁、棚顶、用具表面的灰尘要打扫干净。笼具、围栏等金属制品用高压水龙头彻底冲洗，笼具上尘土、粪垢彻底冲洗干净，用火焰喷枪灼烧后移回育雏舍。同时对地面、墙壁、料盆、饮水器等进行全面的冲洗。还应对鸭舍四周环境进行清扫，清除周围垃圾、杂草，对路面进行清扫。将料槽、水槽、笼网摆放到位。

（3）消毒　经过清扫、冲洗，要彻底杀灭鸭舍内病原微生物，必须对育雏舍进行消毒。消毒必须在用水冲洗地面、墙壁干燥以后进行。可用2%的烧碱水溶液，或3%的来苏儿水溶液对鸭舍及用具进行喷洒消毒。进雏前1周对育雏舍及设备进行熏蒸消毒。将鸭舍密闭，把饮水器、料桶等用具一齐放入，准备好各种用具后，对鸭舍进行福尔马林和高锰酸钾熏蒸消毒。每立方米空间用42毫升福尔马林加21克高锰酸钾。熏蒸时，应把门窗关好，熏蒸24小时，以杀灭病原微生物。打开门窗通风，把室内的空气排出。熏蒸至少在进鸭前一天进行。

高锰酸钾、福尔马林熏蒸消毒注意事项如下。

① 雏鸭舍要求密闭。

② 熏蒸消毒后产生的气体含量越高，消毒效果越好。熏蒸消毒前，必须检查鸭舍的密闭性，关好门窗，堵塞缝隙。

③ 消毒容器尽量选用非金属材料，减少药物和金属容器发生反应，可以使用陶瓷类容器，容器体积要大些，以免发生反应时药物溅出。

④ 鸭舍内要保持一定的温度和湿度。熏蒸消毒时，舍温在18℃以上，相对湿度65%～80%消毒效果好。

鸭舍也可以用三氯异氰尿酸制剂熏蒸消毒，与高锰酸钾、福尔马林熏蒸消毒作用相似，主要有二氯异氰尿酸、三氯异氰尿酸等，市场有很多制剂，用量、用法按产品说明书要求进行即可。

⑤ 应在进雏前2～3天提前给育雏舍加温。试温时育雏舍温度因供暖方式不同而有所差异。采用育雏伞供暖，1日龄伞下温度控制在35～36℃，育雏伞边缘温度控制在30～32℃，育雏室的温度要求25℃。采用煤炉、地炕、火墙等方法供暖时，1日龄的室温要求29～31℃，并检查烟道是否通畅。育雏开始前应在门前消毒池放入药物。

5. 育雏用品的准备

（1）饲料的准备　雏鸭料必须符合雏鸭饲养标准的要求。可以自己配制或购买全价饲料，提前将饲料送到育雏舍。自配饲料应注意选择无污染、不变质的原料，且要求搅拌均匀、颗粒大小合适、适口性好。饲料要新鲜，防止霉变。贮存时间不宜过长，准备1周左右的用量即可。

（2）疫苗、药物的准备　按照免疫程序及雏鸭数量备齐育雏期间所需的各类疫苗，妥善保存于冰箱中。制订合理的用药计划，准备好常用的抗生素类药品、防治球虫类药品等。此外，雏鸭初饮时需加入饮水中的葡萄糖、多种维生素、电解质等也应准备好。育雏期常用的消毒药品有新洁尔灭、百毒杀等，防治药品有庆大霉素、氟哌酸、土霉素、电解多维、葡萄糖等。

（3）保温设备　如热风炉、暖气、红外线育雏伞、煤炉等设备，并提前备足燃料。

6. 育雏用具

（1）料槽　按雏鸭数量和喂料器具规格准备充足的喂料器具，让所有鸭都能同时吃食；高低大小适当，槽高与鸭背高度接近。随鸭龄增长可将料槽相应垫起，使料槽高度与鸭背同高。料槽结构合理，减少饲料浪费。

（2）饮水器　雏鸭饮水最好采用真空饮水器。使水盘的水深控制在1.5厘米，水面宽度2厘米，较为适宜。塑料制品的开食料盘、料桶、真空饮水器等先用水冲刷，洗净晒干后再用0.1%新洁尔灭刷洗消毒。在育雏舍熏蒸前安装摆放好，再熏蒸消毒。平面育雏开始几天，饮水与采食位置应离热源稍近些，便于雏鸭取暖和就近采食、饮水。

（3）垫料的准备　采用地面平养育雏，要在地面上铺设垫料。垫草要求是清洁、干燥、松软、吸水性强。常用垫料有麦秸、稻草、锯末、刨花、稻壳等。垫料要长度5厘米左右为适宜，厚度10~15厘米。垫料铺设前最好做消毒处理，或在鸭舍内铺好后喷洒1~2次消毒药，再连同其他安放好的设备、用具一起熏蒸消毒。

使用前应将垫料暴晒，不使用发霉垫草。

（4）其他物品　温、湿度计，备用照明灯泡、喷雾器、水桶、清扫用具等。

7. 饮水准备

进雏鸭前半天应准备好加糖和维生素的饮水，使水接近室温。

三、育雏方式

在育雏期间可以采取地面平养、立体笼养、网上平养三种形式。每种饲养方式都各有特点，饲养方式的选择要根据养鸭的现有条件、经济实力、饲养鸭的品种等灵活掌握。

1. 地面平养

在鸭舍地面上铺设垫料（麦秸、稻草、锯末等）来育雏鸭的方法称为平面育雏。地面平养投资少、管理灵活，适合不同条件和类型的鸭。缺点是鸭与粪便接触易患病，鸭舍空间利用率低。

（1）垫料要求　要选择吸水性好、没有霉变的原料，使用前一周要在太阳下晾晒 2～3 天后使用。垫料可用短秸秆、刨花或木屑等，要求质地良好、清洁、干燥，禁用发霉、潮湿的垫料，厚垫料育雏时垫料内微生物发酵、产热，可供雏鸭取暖。缺点是鸭粪积存时间长，氨气浓度高，鸭接触病菌后患病率较高。尤其是当垫料潮湿时，容易感染球虫。

（2）使用垫料育雏方法　有常换法和厚垫料育雏两种。

① 常换法　将育雏鸭舍地面清扫干净、消毒后，在地面铺设 3～5 厘米厚垫料，垫料潮湿、污浊后经常更换。

② 厚垫料法　在地面铺 5～6 厘米厚的垫料，过一段时间在原来的垫料上再铺加一些新垫料，直至厚度达到 15～20 厘米为止。育雏期间不更换垫料，直至育雏结束后一次清除。

地面平养要用育雏围栏在育雏室内围成若干小区，通过围栏将雏鸭限定在一个较小的范围内栖息、活动，靠近热源，保护雏鸭不会受冷，也容易找到饲料和饮水。随着雏鸭日龄的增长逐步扩大围栏的范围。围栏材料可用竹围栏、木板、纸板等，围栏的高度以雏鸭跳不出为宜，一般 50 厘米即可，围栏围成小区的面积根据供暖的设备和每批育雏数量而定，一般在开始育雏时可小些，以后逐渐扩大。

2. 网上育雏

网上育雏即雏鸭离开地面养在铁丝网或塑料网上。一般在离地面 50~100 厘米高处架上丝网。优点是不用铺设垫料，雏鸭不与粪便接触，可减少病原感染的机会，尤其可以大大减少鸭患球虫病和消化道疾病的危险，同时由于饲养在网上，提高了饲养密度，可减少鸭舍建筑面积。

网床由底网、围网和床架组成。网床的大小可以根据育雏舍的面积及网床的安排来设计。床架可用三角铁、竹、木等材料制成，底网可根据日龄不同选择使用不同的网目规格。网床四周加围网，防止雏鸭掉下网床，或跳出来，围网高度一般为 30~50 厘米。

3. 混合育雏（半地半网）

混合育雏为地面平养和网上育雏结合起来的一种育雏方式。育雏舍 1/4~1/3 地面铺设离地网面，离地 30~50 厘米，另外的地面铺垫料，两部分衔接坡度小于 25 度，水槽或饮水器全部置于网床上，料槽或开食盘全部置于垫料上。优点是成本适中，雏鸭患腿部疾病机会少，利于清洁。

4. 笼养育雏

将雏鸭饲养于铁丝笼或竹、木笼里，笼可重叠，也可呈阶梯式笼养。可充分利用鸭舍空间，增加饲养数量，同时笼养可减少鸭的运动，有利于肉鸭的生长。

四、供暖方式

根据热源不同，育雏供暖方式分为火墙、烟道、煤炉、电热伞、红外线供暖等。

1. 火墙

把育雏室的隔墙砌作火墙，内设烟道，炉口设在室外走廊里，鸭靠火墙壁上散发出来的温度取暖。这种育雏方式的升温速度较快、室温比较稳定、热效率高、费用较低、育雏管理较方便。

2. 烟道

烟道可分为地上烟道和地下烟道两种。地上烟道，用砖或土坯砌成烟道，几条烟道最后汇合到一起，并设有集烟柜和烟囱通出室外。一般在烟道上加罩子，雏鸭养在罩下，称为火笼育雏。地下烟道，室内可利用面积较大，温度均匀平稳，地面干燥，便于管理。一般地下烟道比地上烟道要好。缺点是燃料消耗量大，烧火较不方便。

3. 煤炉

煤炉是最常用的加温设备，结构与冬季居民家中取暖用的火炉相同，以煤为燃料。火炉上设铁皮制成的平面盖或伞形罩，留出气孔，和通风管道连接，排烟管伸出通往室外。煤炉下部有一进气口，通过调节管口大小来控制进风量，控制炉火温度。保温良好的鸭舍，每 $20 \sim 30$ 米^2 设置一个煤炉即可。煤炉育雏保温性能较好、经济实用，但温度控制不便。用煤炉时要注意预防煤气中毒及发生火灾。

4. 电热伞

伞面是用铁皮、铝皮、防火纤维板等制成的一个伞形育雏器，伞内用电热丝供热，并有控温调节装置，可按雏鸭日龄所需的温度调节、控制温度。伞四周用护板或围栏圈起来，随着日龄增加逐渐扩大面积。电热育雏伞适合平面育雏使用。优点是温度稳定、容易调节、管理方便、室内清洁、育雏效果良好。电热伞育雏时伞下温度较高，周围余热少，鸭舍需另设火炉以升高室温。

5. 红外线灯

在育雏舍内安装一定数量的红外线灯，靠红外线灯发出的热量来育雏。灯泡规格常为 250 瓦，一般悬挂高度为 $30 \sim 50$ 厘米。优点是温度相对稳定、室内清洁，但灯泡容易损坏，耗电量多，成本高。用红外线灯供暖在舍温较高时效果好，冬季须与火炉或地下烟道供温方法结合使用。远红外线供热育雏，热效率高，比红外线育雏省电。

五、雏鸭的饲养与管理

1. 初生雏鸭的选择

雏鸭品质的好坏，直接关系到雏鸭的育雏率、生长发育和生产性能，在选购雏鸭时，必须考虑种鸭的饲养条件、重大的孵化条件及雏鸭苗的质量等因素。

购买雏鸭前，最好实地了解种鸭的饲养情况。种鸭场须具备生产合格种鸭的条件，并选择从孵化设备及孵化条件达到要求的正规孵化场订购雏鸭。准时出雏的雏鸭是优质鸭苗的基本条件。种鸭蛋的孵化时间是 28 天，实际上是 27.5 天，即当天下午入孵的种蛋，应在第 28 天的上午拿到鸭苗。出雏时间延迟，雏鸭苗的质量可能受到影响。

合格的雏鸭应为健壮活泼，眼睛灵活有神，个体大、重，体躯长而阔，臀部柔软，脐无出血或干硬突出痕迹；全身绒毛洁净，脚高、粗壮，趾爪无弯曲损伤。

2. 接雏

将雏鸭从出雏机中捡出，在孵化室内绒毛干燥后转入育雏室，称为接雏。接雏可分批进行，要尽量缩短在孵化室的逗留时间，以免造成出壳早的雏鸭不能及时开食和饮水，导致体质逐渐衰弱，影响生长发育。

（1）饲养密度　每平方米面积饲养的鸭数为饲养密度。饲养密度过大时，雏鸭拥挤，相互抢食，鸭舍容易潮湿，空气污浊，造成雏鸭发育不均，生长速度慢，容易患病。密度过小，不利于保温，鸭舍利用率低。

饲养密度应随雏鸭的品种、育雏方式、季节、日龄等因素加以调整。地面平养时密度要小些，网上平养比地面平养饲养密度可大些。冬季可适当增加饲养密度，夏季则应适当减小。饲养密度适当时，雏鸭分布均匀，无明显集堆，行动自在，睡态伸展舒适。应随着日龄的增大，调整相应的饲养密度。春季育雏鸭的适宜密度为：1～2 周龄 35～30 只/米^2，3～4 周龄 25 只/米^2，5～6 周龄 15 只/米^2，6 周龄以上 12 只/米^2。每群鸭以 200～300 只为宜。

（2）分群饲养　育雏开始在雏鸭开水前应对雏鸭进行分类，分群饲养。根据大、中、小和强、弱雏等进行分群，以便使鸭群生长发育均匀。将品种特征明显、发育良好的雏鸭分在一群；体质较弱、发育欠佳的分在一群。平养时把弱雏靠近热源，健雏可稍远离热源。经过 2～3 天后，再把采食少或不采食的弱雏放在一起饲养，加强管理，适当增加饲喂量和饲喂次数。一般每群 200～300 只为宜。随着雏鸭的日龄增加，要经常把体质过强或过弱的鸭挑选出来，单独饲养。一般可在 8 日龄、15 日龄时，结合密度调整，进行第二次、第三次分群。

（3）开水、饮水　雏鸭先饮水再开食。刚出壳的雏鸭第一次饮水称为开水。一只 40 克重的初生鸭，含有 5 克重的卵黄囊，其中含蛋白质 1.5 克，在出壳后的 72 小时内雏鸭所需的营养全部由卵黄囊提供。通过饮水可以促进卵黄的吸收，促进胎粪排出，增进食欲，有助于饲料的消化和吸收。同时雏鸭出壳后体内水分消耗大，育雏舍内温度高，容易脱水，雏鸭进入鸭舍后应先及时给水再开食，以及时补充雏鸭生理需要的水分。只要有饮水，雏鸭即活动正常，无异常表现。用饮水器或浅水盆，喂给 0.02％抗生素或多维，可以预防肠道疾病并补充维生素。对于长途运输后的雏鸭，饮用口服补液盐溶液 1 天，效果好。开始时，雏鸭不懂饮水，可以调教。抓一只健壮的雏鸭，将喙浸到水槽中沾水，雏鸭很快就会饮水，其他雏鸭也会效仿。

饮水器的槽面开口不宜太阔，盛水不宜太深，防止雏鸭溺水。敞口的饮水器应在其中放置一些干净石块，使雏鸭不致掉入水中。饮水器应每天清洗或消毒一次，并保持饮水器四周垫料干燥。

气温高时，可将 50～60 只雏鸭放入鸭篓中，慢慢浸入已经加入适量药物或添加剂的水中，水的高度以淹没雏鸭脚背、不使腹部绒毛浸湿为准，时间 3～5 分钟（天热时可稍长，天冷时可稍短）。天气炎热，大群饲养时如来不及分批开水，可将水直接喷到鸭身上，使其吸吮绒毛上的水珠。但注意不要把绒毛喷得过湿，防止雏鸭受冷感冒。

水质要符合饮用水卫生标准。要求清澈、无色、无味及无沉淀物。供应充足清洁的饮水，确保全天 24 小时不断水。缺水会造成雏鸭口渴，一旦供水，会因抢水造成周身潮湿、感冒，或因饮水过多引起肠胃病，甚至有的雏鸭会被挤死、淹死。饮水温度，寒冷季节用温开水，水温不低于 20℃，一周龄以后可使用自来水。炎热季节给雏鸭提供凉水。

为增强雏鸭体质，第一周可在饮水中加入添加剂或药物。如维生素 C、5％～8％的红糖、葡萄糖及速溶多维或电解多维、口服补液盐等，可有效缓解应激，迅速补充水分与能量。同时可在饮水中加入一些抗菌药物如 0.02％土霉素，提高雏鸭成活率，预防疾病。

（4）开食、饲喂　雏鸭出壳后第一次吃料称为开食。

① 开食时间　雏鸭一般在开水后 2 小时左右开食。适时开食，有利于雏鸭腹内卵黄吸收和胎粪排出，促进生长发育。开食过早，雏鸭体软弱小，采食能力差，健壮雏鸭先开食会造成鸭群发育不平衡；开食过迟，不能及时补充所需营养，使雏鸭自身养分消耗大，影响雏鸭生长发育，还会增加死亡率。

育雏季节不同，开食时间也有差别。一般春季育雏，可在出壳后 24 小时左右开食，夏季育雏可在出壳后 18～20 小时开食，秋季育雏在出壳后 24～30 小时开食。同批雏鸭，出壳时间不同，开食的时间也应区别对待。雏鸭饮水后，逐渐活动开来，有类似啄食的动作时开食最合适。开食时间最好安排在白天，否则应将饲料放在灯光明亮处，以便雏鸭看见饲料。

② 开食料及开食方法　开食料一般用蒸煮的大米、碎玉米、小米或是小麦的夹生饭（或采用小鸭全价颗粒饲料）。开食料要求做到不生、不硬、不烫、不烂、不黏，将饲料均匀撒放在消过毒的浅平料盘上让雏鸭采食。也可把饲料撒在浅料槽内，下面铺一层干净的报纸或纸板，接住撒落的饲料，以防浪费。饲料周围可放置饮水器，以便鸭边食边饮水，防止饲料粘嘴影响吞咽。雏鸭开食要使每只鸭都能吃到饲料，但不能进食太多，一般六七成饱即可。

③ 雏鸭的饲喂　开食当天，要全天供料。开食后头三天可用

与开食一样的方法饲喂，饲喂量可适量增加，4 日龄后即可喂饱。第 4 日龄就可逐渐增添配合饲料，到第 5 日龄时全部喂配合饲料。喂食时可给予一定的信号，让鸭形成条件反射。以后逐渐改用食槽饲喂。每次喂料时间不超过 20 分钟，拌好的雏鸭料分 2～3 次投给。

初生雏鸭，食道尚未形成明显的膨大部，贮存饲料的容积小，消化器官还没有经过饲料的刺激和锻炼，消化机能不健全，肌胃的肌肉不结实，磨碎事物的功能差，所以要多餐少吃，勤添少喂。尤其前 3～5 天是饲喂雏鸭的关键期。白天每隔 1.5～2 小时喂一次，晚上喂 2 次。3 天以后，可改用食槽饲喂。6 日龄起可定时饲喂。10 日龄以内的雏鸭，每天饲喂 5～8 次，11～20 日龄的鸭每日饲喂 5～6 次，21 日龄后，每隔 6 小时喂 1 次，每昼夜喂 4 次。如 20 日龄后采用放牧饲养，可根据野生饲料情况而定补饲次数和数量。野生饲料资源较好，中餐可不喂，晚餐可少喂，早晨放牧前可适当补充精料，使雏鸭在放牧过程中有充沛的体力采食活食。进入放牧期后，每天补喂 2～3 次。

雏鸭 4、5 日龄即补喂水草、青菜等青绿饲料，占混合料的 25% 左右，20 日龄后，青绿饲料可占饲料的 40%。一般将青绿饲料切碎后单独饲喂，以免与精饲料混合后雏鸭挑食。如有鲜活荤食喂给，牧场广阔，食物丰富，天气又温暖的，也可以第 5 日龄后在饲喂碎米、糙米的基础上开始补饲荤食和放牧。喂一些小鱼虾、蚯蚓、泥鳅、蛆虫、蝇蛆、黄粉虫、螺蛳、蚌肉等动物性饲料。每 100 只雏鸭每天可喂 150～250 克，分上午、下午 2 次喂给。可将动物性饲料剁成肉泥状，也可煮熟切碎后拌入饭内喂给。

（5）适时调教下水和锻炼放牧　出壳后第 3 天可让雏鸭下水。开始的 1～5 天可与"点水"结合起来，在鸭笼内点水，后可用竹篮或鸭笼端下水，以打湿脚板为宜，每天 2 次，每次不超过 10 分钟，5 天后可下大水。下水雏鸭上岸后，应让其在向阳背风、温暖的地方理毛，使身上的毛尽快干燥后进入育雏舍。雏鸭下水要根据天气和气温不同而调整，夏天不能在烈日下进行，冬天不能在阴冷的早晚进行；天气晴朗、气温较高时，可坚持每天下水，天气阴冷时可不下水。

雏鸭可从 6 日龄起，进行放牧调教，使雏鸭适应自然环境，增强体质和觅食能力。选择晴朗天气，在外界温度和舍内温度接近时，让鸭在舍外运动场或鸭舍周围牧草地活动，开始时放牧在鸭舍周围，不宜走远，适应后可延长放牧路线。放牧的时间由短而长，开始放牧每次 20～30 分钟。2 周龄后，只要气温适宜，天气晴好，雏鸭白天可在运动场活动，放牧饲养时每天上下午各放牧 1 次，中午休息，时间不超过 1.5 小时。

放牧鸭要观察鸭群放牧觅食的情况，如果放牧地野生饲料较多，补喂饲料可减少。如果鸭觅食的东西少，要及时补饲。一般情况下，雏鸭阶段放牧采食的量有限，要注意补饲。

（6）环境控制

① 温度控制　温度是育雏成败的关键，提供适宜的温度能有效地提高雏鸭成活率，必须认真、科学对待。温度控制包括育雏鸭舍的温度和育雏器内的温度两个方面。育雏期温度指距离热源 50 厘米地上 5 厘米处的温度，网上育雏或笼养是指网上 5 厘米处的温度。

雏鸭个体小、绒毛稀疏、吃料少、消化机能较弱，体温调节技能不健全，育雏期要人工保温。育雏期间如果温度过低，雏鸭容易挤堆，着凉，温度过高，容易引起食欲下降或患呼吸道疾病。应该参照育雏时需要的适宜温度（表 5-2），随时调节温度，维持雏鸭的正常生长发育所需的温度。随着日龄的增加温度逐日下降，直至 21 日龄室温 18℃左右脱温。

表 5-2　育雏鸭的适宜温度

日龄	育雏器温度/℃	室内温度/℃
1	34	30～28
2～5	34～33	29～27
6～9	33～32	28～26

日龄	育雏器温度/℃	室内温度/℃
10～13	32～31	26～25
14～17	31～30	25～24
18～21	30～29	24～23
22～24	29～28	23～22
25～27	28～27	22～21
28～30	27～26	21～20

　　供温的原则：小雏宜高，大雏宜低；小群宜高，大群宜低；夜间宜高，白天宜低；阴天宜高，晴天宜低；早春宜高，晚春宜低。并且温差不超过 2℃，不可以太高或者太低。同时要做到整个育雏空间的温度比较均匀地分布，不可以差距过大。

　　温度的测量：使用水银或酒精温度计，悬挂在雏鸭活动的地点，温度计的感温部分与鸭头部平行，离开供温的热源。

　　温度是否合适，除了通过温度计来观测，还要结合观察鸭群的精神状态和活动规律来判断。雏鸭活泼好动，食欲旺盛，在育雏器范围内分布均匀，睡眠时安静，睡姿伸展舒适，分散均匀，发育正常，表明温度适当。如果雏鸭拥挤在热源附近，扎堆，行动迟缓，颈羽收缩，夜间睡眠不安，闭眼尖叫，就说明温度过低，时间稍长会造成压死现象。如果雏鸭张嘴喘气，翅膀张开，远离热源分布，精神懒散，食欲减退，大量饮水，是温度过高的表现。所以育雏时要密切观察鸭只的活动、表现，随时根据观察到的情况来调整鸭舍的温度。遇到鸭扎堆，互相挤压在一块，应及时把雏鸭拨开，防止在下面的雏鸭被挤死。尤其夜间更要注意观察。整个育雏期，必须给雏鸭提供一个适宜、平稳的温度环境，才能保证雏鸭健康生长。

　　供温到一定时候要适时脱温。脱温时间根据育雏季节、雏鸭体质强弱等而定。一般在室温 20℃ 以上，雏鸭不表现畏冷蜷缩，采食及活动正常时脱温为宜。脱温必须逐渐降温或先白天脱温、夜间给温，经过几天过渡后完全脱温，撤离热源。

② 湿度控制　湿度是衡量鸭舍空气的潮湿程度，一般用相对湿度（空气中实际水汽压和同温度下饱和水汽压的百分比）表示。一般情况下，只要鸭舍温度适宜，湿度的高低对鸭的影响不大，所以鸭舍对湿度的要求不像温度那么严格。

但当鸭舍温度过高和过低时，湿度对鸭的生长发育、健康状况会产生影响。湿度过大，雏鸭水分蒸发和体热散失受阻，会使雏鸭的抗病力下降，发病率高，高温高湿会给细菌和某些寄生虫提供有利的繁殖条件，易患球虫、霍乱等疾病；也容易使饲料、垫草发生霉变，雏鸭采食发霉饲料会发生曲霉菌中毒。夏季高温高湿，会造成鸭中暑；尤其是南方地区要求尽量保持育雏舍地面干燥。舍内湿度过低，雏鸭体内水分蒸发过快，容易造成雏鸭脱水、消瘦，影响食欲，或使鸭舍内灰尘飞扬，引起雏鸭呼吸道疾病，尤其在北方使用火炕育雏方式时应注意采取增加湿度的措施。鸭舍过于干燥，还可造成鸭的羽毛生长不良。

育雏的适宜湿度时：1 周龄内，育雏舍的相对湿度保持在 $65\%\sim70\%$ 为宜。$1\sim2$ 周龄为 $60\%\sim65\%$；2 周以后为 $55\%\sim60\%$。

③ 光照　实行科学正确的光照，能促进雏鸭生长发育。光照时间、光照强度会对鸭的生长发育和健康产生影响。

光照时间：$1\sim7$ 日龄的雏鸭，昼夜光照 $20\sim23$ 小时；$8\sim14$ 日龄的雏鸭采用 16 小时光照；15 日龄以后公雏实行 12 小时光照，母雏进行 14 小时光照。

光照强度：每平方米用 2 瓦灯泡照明即可。在较弱光照时雏鸭表现安静、活动少，生长较快。光照较强时，雏鸭表现神经质、敏感、易惊群，易发生啄癖。应注意光照强度不宜太强。

④ 通风　鸭舍通风换气的目的是排出鸭舍中的有害气体，保持空气新鲜。也可以排出鸭舍中多余的水汽，保持鸭舍干燥。同时排出鸭舍中的粉尘和病原微生物。

鸭粪便中有未被吸收的营养物质，这些物质在一定的温度和湿度条件下被微生物分解，产生大量氨气。雏鸭新陈代谢旺盛，呼出的二氧化碳多。造成鸭舍中空气质量下降，影响雏鸭的生长发育。另外在饲养管理的过程中，鸭舍中会产生很多微粒、粉尘等，会携带病原微生物，传播疾病，并危害鸭的皮肤、眼结膜、呼吸道黏膜等，危害鸭的健康和生长。鸭舍中，氨气是最容易产生、并对鸭有严重危害的有害气体，可刺激鸭的眼睛，患结膜炎，并刺激呼吸道黏膜，引起咳嗽、呼吸道炎症等。鸭长期生活在高氨气浓度的环境中，出现采食量降低，生长减慢，对疾病抵抗力降低。

要保持空气新鲜，必须对鸭舍进行充分的通风换气。氨气浓度是判断鸭舍空气质量的重要指标，在通风换气良好的鸭舍氨气浓度不应超过 20 毫克/米^3。可以通过人的感受来判断氨气的浓度。进入鸭舍后，若能闻到有氨气味且不刺眼、不刺鼻，浓度大致为 7.6～11.4 毫克/米^3，当感觉到刺鼻流泪时，浓度大致为 19.0～26.6 毫克/米^3。当感觉呼吸困难、睁不开眼、流泪不止时，浓度大致为 34.2～49.4 毫克/米^3。

鸭舍通风方法主要通过自然通风。自然通风是通过鸭舍门窗的开启对鸭舍进行通风，是鸭舍的主要通风方法。通风原则是在保证育雏舍内温度的情况下，尽量保持舍内空气新鲜。对通风量的要求通常以人进入舍内不感觉闷气以及不刺激鼻、眼为宜。正常情况下，要选择在天气好、中午气温高时增大通风量，但不要引起育雏舍内温度的剧烈变动。可以利用缓冲间换气等。

生产中雏鸭舍为了保温，经常门窗紧闭，不敢通风，造成鸭舍空气污浊，湿度过大，对雏鸭生长不利。应该在注意保温的同时，兼顾鸭舍通风。利用好鸭舍天窗通风，注意晴天无风天气、中午前后适当通过开小门窗缝隙自然通风。

（7）卫生防疫　雏鸭抵抗力低，易感染疾病，鸭舍要保持清洁卫生。雏鸭舍易潮湿，要经常打扫，勤换垫草，保持舍内干燥。注意搞好保温和鸭舍通风换气，保持空气新鲜。每天清扫运动场，水池定期换水。

对鸭舍及用具要经常消毒，以杀灭环境中的微生物，防治传染病的发生。食槽、饮水器每天清洗、消毒。当雏鸭到运动场活动或外出放牧的时候可以对鸭舍内的地面和墙壁进行消毒，也要对运动场和水池进行消毒。

可根据种鸭的免疫情况决定接种鸭病毒性肝炎、鸭瘟等疫苗的时间、次数。1～5日龄接种鸭病毒性肝炎和鸭疫里默氏菌病疫苗；21～25日龄接种鸭瘟疫苗。

雏鸭对自然环境的适应能力差，抵抗力较弱，常患感冒、小鸭病毒性肝炎、球虫病和下痢等疾病，影响育雏成活率。在鸭育雏期要加强防治，确保雏鸭健康。

（8）日常管理　育雏期间，对雏鸭要精心看护，随时了解雏鸭的情况，对出现的问题及时查找原因，采取对策，提高雏鸭成活率。10日龄内的雏鸭除喂食、放水时间外，要防止雏鸭打堆。

经常检查料槽、饮水器的数量是否充足、放置位置是否得当，规格是否需更换，保证鸭有良好的条件得到充足的饲料、饮水。

每天注意雏鸭的精神状态、活动、吃料饮水的情况、粪便等。鸭早晨如果精神状态好，动作敏捷，总像在寻找什么似的，说明一切正常。病弱雏鸭表现精神沉郁，闭眼缩颈，呆立一角，羽毛蓬乱，翅膀下垂，卧地不起、肛门附近沾污粪便等，发现后要及时挑出，单独饲喂、治疗。每天清晨注意观察鸭的粪便颜色和形状，以判断鸭的健康。正常雏鸭粪便为灰黑色，上有一层白色尿酸盐（盲肠粪便为褐色），稠稀适中。如见软稀便、混血变，要查明原因，及时处理。

晚上注意观察鸭的呼吸声音，看鸭有无呼吸道感染的症状，如有打喷嚏、张口呼吸、鼻孔处有黏液或浆液性分泌物等异常表现。关灯后听是否有甩鼻、呼噜等声音。如有以上情况，可能患呼吸道疾病，要及时采取措施。

注意保持适宜的鸭舍温度。通过鸭的行为判断鸭舍温度是否合适，随时调整。

保证雏鸭舍安静，防止噪声。突然的噪声能够引起雏鸭惊群、挤压、死亡。

（9）全进全出　同一鸭舍饲养同一日龄雏鸭，采用统一的饲料、统一的免疫程序和管理措施，同时转群，避免由于在鸭场内存在不同日龄鸭群的交叉感染机会，减少病原微生物的感染，保证鸭群安全生产。

（10）雏鸭的脱温 脱温是在育雏舍内不取暖，雏鸭在自然温度条件下能正常生活、生长发育。雏鸭随着日龄的增加，采食量增大，体温调节能力逐渐完善，所需要的环境温度降低，或舍外气温升高，能满足雏鸭所需要的适宜温度时，就可以脱温。脱温时间要根据季节、气温高低、雏鸭健康状况、品种等因素不同而定，灵活掌握。春雏一般在 6 周龄，夏雏和秋雏一般在 5 周龄脱温。

脱温要逐渐进行。室温不加热就能达到 18℃时就可脱温。如达不到 18℃或昼夜温差大，可白天停止供温，夜间仍给温。一般经过 1 周左右，当雏鸭适应自然温度时，可完全停止供温。

（11）做好各项记录 鸭健康状况、温度、湿度、光照、通风、采食量、饮水情况、粪便情况、用药情况、疫苗接种等都应如实记录。如有异常情况，及时查找原因。

第四节 蛋鸭圈养的饲养管理技术

一、育成鸭的饲养管理技术

蛋鸭自 5 周龄起至开产前的中鸭，也称育成鸭，是育雏期到产蛋的过渡时期。这个时期要特别注意控制生长速度、体重和开产日龄，使蛋鸭适时性成熟，在理想的开产日龄开产，迅速达到产蛋高峰。

1. 育成鸭的主要特点

（1）适应性强 育成期鸭又称青年鸭。随着日龄的增大，体温调节能力增强，对外界温度变化的适应能力加强；消化道生长迅速，消化器官增大，消化能力增强，可以充分利用天然动植物饲料，杂食性强；体格健壮，免疫功能好，抗病力强，应在此时进行免疫接种和驱虫。

（2）体重增长快 以绍兴鸭为例，28 日龄以后体重绝对增长加快，42～44 日龄达到高峰，然后逐步减慢，到 16 周龄时接近成年体重。

（3）羽毛生长迅速 以绍兴鸭为例，育雏结束时，鸭身上还覆盖着绒毛，麻羽将要长出，到 42～44 日龄时胸腹部羽毛已长齐，平整光滑，到达"滑底"，52～56 日龄已长出主翼羽，80～90 日龄已换好第二次新羽毛，100 日龄左右已长满全身羽毛，两边主翼羽已交翅。

（4）性成熟迅速 在 60～100 日龄时，青年鸭性器官发育很快，卵巢上的卵泡快速增长，蛋鸭性成熟早于肉鸭。此时，要适当限制饲养，防止过肥和过早性成熟。

（5）适应性强 随着日龄的增长，育成鸭对外界气温变化的适应能力逐渐加强。青年鸭可以在常温下饲养，甚至可以露天饲养。青年鸭的消化能力增强，可以充分利用天然动植物性饲料。

2. 育成鸭的主要饲养方法

育成鸭的饲养方式有放牧饲养、圈养（全舍饲、半舍饲）。

（1）放牧饲养 利用鸭的合群性好、觅食能力强的特点，在农田、河塘、沟渠和海滩进行放牧饲养，鸭觅食各种天然的动植物性饲料，可以节约大量饲料，降低成本。

（2）全舍饲圈养 育成鸭的整个饲养过程在鸭舍内进行，称为全舍饲圈养。采用厚垫料饲养或网状地面饲养、栅条地面饲养。鸭的吃料、饮水、运动和休息全在鸭舍内进行。舍内需设置饮水和排水系统。

全舍饲圈养方式可人为控制饲养环境，利于科学养鸭，增加饲养量，提高劳动效率。但饲养成本较高。

（3）半舍饲圈养 鸭群饲养在鸭舍、陆上运动场和水上运动场，不外出放牧。吃食、饮水可在舍内，也可在舍外，一般不设饮水系统，饲养管理不如全舍饲严格。

3. 育成鸭的圈养技术要点

（1）选鸭、分群与密度 转入育成舍前，淘汰体质弱和个体轻的雏鸭，选留体重达标、健康种公鸭。不符合种用标准的鸭全部转入商品鸭群进行育肥。并按大小、体质强弱进行分群，一般 200～300 只为一小栏分开饲养。

　　饲养密度随鸭龄、季节和气温的不同而变化。一般可按以下标准掌握：5～10 周龄，15～10 只/米^2；11～20 周龄，8～10 只/米^2。

　　（2）饲喂　最好饲喂饲料颗粒，大小一般为 3～4 毫米。在喂料前，饲喂适量切碎的青菜和水草等。不同品种蛋鸭因体重大小不同，其喂料量有所不同，可根据饲养的品种，按照供种单位推荐的各周龄鸭的喂料量进行喂料。一般体重在 1500～1600 克重的蛋鸭，育成期每天每只推荐喂料量：5 周龄鸭 80～85 克，6～7 周龄鸭 100～105 克，8 周龄鸭 110 克，以后每周增加 5 克，从 15 周龄开始到 18 周龄每只每天维持喂料 140 克。

　　育成鸭饮水多，需水量大，需适当增加饮水器数量，水要常换，保持新鲜清洁。饮水器和水盆上最好覆盖有铁丝网，阻止鸭进入水中而又不妨碍其饮水和溅水洗理身体。水位高度应同鸭背持平，既方便鸭饮水，又不使饲料随水从鸭口中流出。采用自动饮水器的，要经常注意检查其供水情况，适时修理和更换损坏的饮水器，同时运动场应适当放几个水盆，水深以从鸭鼻孔到喙端的距离即可。

　　（3）适当加强运动，防止过肥　每天定时赶鸭在运动场作转圈运动，每次 5～10 分钟，每天活动 2～4 次。

　　（4）限制饲喂、控制体重　限制饲养时间一般从 8 周龄开始，到 16 周结束。限饲方法一般有限量（规定饲喂用量，一般粗蛋白 15％左右，每天给鸭饲喂 80％的饲料量）、限质（降低能量、蛋白质含量及赖氨酸的含量，粗蛋白 13％～14％）。从 8 周龄起，每隔一周在其上午喂料前空腹情况下，随机抽 5％～10％的鸭逐一称重，求平均体重，与标准体重比较，力争使育成鸭平均体重与标准体重一致。

　　（5）提高鸭子胆量，防止惊群　青年鸭胆小，蛋鸭神经尤其敏感，要利用喂料、喂水、换草等机会，多与鸭群接触，提高鸭子胆量，以防环境改变时，引起惊群。

（6）弱光照明 青年鸭在培育期，不用强光照明。舍内通宵弱光照明，光照时间8～10小时，光照强度在5～10勒克斯即可。如30米² 的鸭舍，用15瓦白炽灯即可。

（7）建立一套稳定的管理程序 要根据鸭的生活习性，定时作息。形成作息制度后，尽量保持稳定。

二、产蛋鸭的饲养管理技术

母鸭从开始产蛋到淘汰（19～72 周龄）称为产蛋鸭。一般蛋用型麻鸭的产蛋利用期为 360 天左右，这期间产蛋数量多，称为第一个产蛋年。蛋鸭也有产蛋一年后经换羽休整，再利用第二个产蛋年的，但其生产性能有所下降。

蛋鸭圈养时只利用第一个产蛋年，养到 500 日龄左右，产蛋率降到 60%以下时就淘汰。因进入第二个产蛋年，需经过 2 个月（甚至更长时间）的休产换羽期。虽然第二产蛋年的蛋型变大，但是产蛋率、饲料转化率明显下降，经济效益相应降低。

1. 产蛋鸭的生活特性

（1）喜水、怕湿 产蛋鸭喜欢在水上觅食（水草、小虫、小虾等）、洗澡、嬉戏、求偶配种等。蛋鸭从水里上岸后，边休息，边用嘴将自己身上的鸭毛理顺，保持鸭身干爽清洁。

（2）耐寒 鸭蛋的羽毛外紧内松，绒毛密，且表面涂有尾脂，有一定的防止水渗透功能。所以，鸭的耐寒性较好。在 0℃时鸭仍能在水中活动自如，在舍温 5℃以上、营养满足需要的情况下，仍能正常产蛋。

（3）合群 蛋鸭圈养时能合群生活，互相之间很少有争斗行为发生。但群体不宜过大，如鸭群数量大，可分为若干个小群，每小群 200 羽左右。

（4）代谢旺盛，饲料质量要求高 蛋鸭的产蛋量高且持久，小型蛋鸭的产蛋率在 90%以上的时间可持续 20 周左右，整个主产期的产蛋率基本稳定在 80%以上，需要大量的营养物质，蛋鸭表现出很强的觅食能力，早晨醒得早叫得早，出舍后四处寻食，喂料时最先响应。产蛋鸭代谢旺盛，要求质量高的饲料，喜食鲜活动物性饲料。

（5）胆大　蛋鸭比青年鸭胆大，喜欢接近饲养人员。

（6）性情温顺，喜欢离群　开产以后的母鸭，性情变得温顺起来，在鸭舍内，安静地休息、睡觉，不到处乱跑乱叫。

（7）产蛋鸭要求环境安静　正常情况下，鸭子产蛋都在深夜1:00～2:00，产蛋高峰在凌晨。此时有应激因素会出现惊群。鸭舍内要保持相对安静，谢绝陌生人进出鸭舍。

2. 蛋鸭的阶段管理

（1）产蛋前期阶段　产蛋鸭的开产前期一般是在 18～25 周龄，产蛋率为 10%～30% 这一阶段。

① 转舍　选留的后备鸭饲养到 18 周龄时，应转入到产蛋鸭舍，并按 1：（20～25）比例搭配公鸭。饲养密度按 7～8 只/米² 转入后备鸭，鸭群的规模一般每群以 200～250 只为宜，不宜过大。

② 称重　将蛋鸭每月抽样称重一次，对照该品种的标准体重。抽样称重应在早晨空腹时进行。抽样数一般不少于全群的 5%，抽样方法应随机抽取。如发觉体重偏瘦，达不到标准时，要逐渐提高饲料质量，尽快达标。如鸭体重过于肥胖，明显超标时，应及时适当减少精料，多喂些粗料或青料，或降低日粮中代谢能含量。如稍微偏胖些，对蛋用型鸭来说，影响不大，应稳定饲料质量。

③ 当母鸭适龄开产后，要适时更换为产蛋初期饲料，增加喂量，满足产蛋营养需要。此期内白天喂 3 次料，晚上 9～10 时加喂1 次料。

开产前期饲料喂量的增加要循序渐进，一般在 23 周龄前均要对产蛋鸭进行称重，根据公母鸭体重情况按每只鸭每周增加 5～10克供料，以使鸭群尽快提升产蛋率。

④ 光照　每日光照时间不少于 14 小时，应从短到长逐渐增加，达到 16 小时。光照强度以 5 瓦/米² 即可。

⑤ 补钙　18 周龄开始补钙，钙以 2.5% 为宜，以后逐步提高。

碳酸钙、贝壳、骨粉、石粉等都是良好的钙源。

⑥ 放置产蛋箱　产蛋鸭到 20 周龄时清点种鸭数，根据母鸭数配备产蛋巢，每 3～4 只应有一个产蛋巢，产蛋巢的尺寸为 40 厘米×40 厘米×40 厘米，每个产蛋箱由 5～6 个产蛋巢组成。产蛋箱用木板或其他材料制成无顶无底的卧式框架，中间用挡板隔开，在框的前下方钉一宽 10 厘米的长木板，固定蛋巢，又可以防止种蛋滚出。

产蛋箱底部要铺好垫料，吸引母鸭到产蛋箱内产蛋。在开始产蛋的一段时间，拾蛋时可留一枚蛋作引蛋，及时拿走窝外蛋，培养鸭到产蛋窝内产蛋的习惯。产蛋箱的位置一般在鸭舍内靠墙根的地方，不妨碍人员及鸭子行走。

(2) 产蛋高峰期　从 26 周龄开始，产蛋率稳步上升，在 31～32 周龄时，产蛋率可达到 85% 左右，维持 80% 以上产蛋率 2～3 个月后，产蛋率缓慢下降；在 55 周龄时，下降到 60% 左右。生产上把 26～55 周龄这一阶段称为主产期。

① 饲喂　产蛋率上升到 50% 后，更换产蛋高峰期饲料，保证每日每只 150 克采食量的情况下，每只鸭每天添加鱼粉 20 克，水草每只每天 150 克（或添加多种维生素），并在饲料中添加比例合理的钙源（石粉、贝壳粉以 2：3 配合后再加 1% 的骨粉）。白天喂料 3 次，晚上 9～10 时喂料 1 次。保证充足饮水，24 小时不间断供应。

② 光照　每日应恒定在 16 小时，不随意变更。

③ 饲养管理　加强日常观察，注意观察鸭的采食量、产蛋时间、蛋形、蛋重、产蛋率的上升情况、粪便情况等，发现异常，及时查找原因、解决。

④ 稳定操作规程　每天的日常管理程序要基本保持一致，不要随意改变。

(3) 产蛋后期阶段　56 周龄开始，产蛋率开始下降，如饲养管理得当，产蛋率仍可维持在 80% 左右。当产蛋率降至 60% 左右，鸭群将进入休产期。饲养管理要点如下。

① 根据体重和产蛋率的变化及时调整饲料喂量或营养浓度。

对于产蛋率较高而体重偏轻的鸭子，应添加动物性饲料和鱼肝油；对于产蛋率较高而体重过于肥胖的鸭子，应降低饲料中的能量浓度或增喂粗饲料，但蛋白质的摄食量仍应保持原量或略为增加。

② 保持 16 小时光照时间，不能减少。

③ 操作规程应稳定，尽量避免各种因素的刺激，防止应激而减蛋。

④ 当产蛋率低于 60％ 而且难以上升，这时可以对鸭群进行淘汰或对鸭群进行选优去劣，把健康而高产的鸭留下，经过强制换羽，利用其第二个产蛋年。

3. 鸭的强制换羽

自然状态下鸭产蛋一年左右便停产换羽，鸭自然换羽包括恢复产蛋的时间很长，一般需 3～4 个月，长时达 4～5 个月。自然换羽后，鸭的第二产蛋期的产蛋率会比第一周期低 10％～30％。为了增加蛋鸭特别是种用蛋鸭的利用年限，对蛋鸭采用人工强制换羽。强制换羽只需要 2 个月左右的时间，换羽一致，换羽后产蛋整齐，蛋的品质好，受精率高，能再次达到较高的产蛋高峰。

在产蛋后期，当鸭群产蛋率下降到 40％ 以下，羽毛零乱，个别鸭已出现脱毛现象时进行强制换羽。

强制换羽就是用人工强制的方法，给鸭造成强大刺激，造成机体代谢紊乱，营养供应不足，使毛囊与毛根脱离，达到同期换羽、同期开产的目的。

实行强制换羽的鸭群必须是健康、第一个产蛋年产蛋水平较高的鸭群，淘汰病、弱、残鸭。强制换羽时要给予强烈应激，打乱鸭的生活习惯，把要进行强制换羽的鸭子关在棚舍内，有意识地驱赶鸭群在舍内转圈跑动，舍内门窗用黑色编织袋或其他物品遮挡，使舍内黑暗。在停光的同时，鸭群立即停水停料，时间一般为 3～4 天，到第 4 天发现少量种鸭出现支持不住的症状时，开始供应饮水，但继续停料，此后一段时间只供水不供料。

第 10 天左右，可见蛋鸭精神萎靡，喙和脚蹼的颜色由橘黄色变为浅黄色或灰白色，此时试拔几根主翼羽，若拔时顺利又不费力气，羽髓干白不带血，说明已到拔羽的适当时间，可以进行拔羽。可先拔主翼羽，再拔副主翼羽，后拔主尾羽。如拔时很费劲，拔出的羽根带血，说明时间尚早，应过几日再拔。

母鸭拔羽后，再逐渐恢复正常的饲养管理。增加饲料应由少到多，由粗到精，逐步过渡到正常。每天除白天喂两次外，晚上增加一次，并在日粮中增加维生素饲料和矿物质饲料，促使羽毛生长。

鸭舍内每天要铺柔软、干燥的垫草，鸭群一般可在拔除旧羽后25～30天长齐新羽。人工强制换羽，从停产到恢复产蛋，需35～45天。

第五节　肉鸭圈养的饲养管理技术

一、商品肉鸭的特点

商品肉鸭是指专业化的肉用型品种和兼用型品种。

1. 生长速度快、生产周期短、饲料报酬高

商品肉鸭的早期生长速度较快，一般6～7周龄即可上市，体重一般在3000克以上，全期的料肉比可达到（2.6～2.7）：1。

2. 净肉率高、肉质好

大型肉鸭以7周龄上市的肉鸭屠宰率最高，而且胸肌和腿肌特别发达，产肉率高。全净膛率可达70%以上，瘦肉率30%以上，且鸭肉的品质好，肉嫩多汁，风味独特。

在现代肉鸭生产实践中，一般根据肉鸭生长发育和生理特点，将肉鸭分为雏鸭和中大鸭两个阶段进行饲养管理。

二、0～3周龄雏鸭的饲养管理

0～3周龄是商品肉鸭的育雏期，这段时期的肉鸭称为雏鸭。雏鸭的饲养管理技术参见本章第二节"生态养鸭的育雏技术"。

三、中、大鸭的饲养管理要点

中、大鸭是指3～7周龄的肉鸭。这一阶段的肉鸭，日增重明

显增加，肉鸭骨骼、肌肉和羽毛等体组织迅速生长，日采食量大幅增加，饲料报酬有所降低，此时的肉鸭已经离温，体温接近成年鸭，对外界环境气候的适应性及对疾病的抵抗力逐步加强，管理与雏鸭阶段相比相对粗放。

1. 选择合适的饲养方式

中大鸭已经离温，不需要在鸭舍内饲养，可在户外圈养。户外圈养场地需搭建简易遮阴篷，以便天气炎热时为鸭提供避暑条件。户外场地还应建造足够的饲料槽，给肉鸭提供足够的采食位置，并在饲料槽上方搭建遮雨棚，以便遮雨。并在饲料箱旁设饮水器，提供清洁饮水。

鸭鱼结合饲养时，户外场地无需建造饮水槽，肉鸭饮用水塘中的水，应注意保持水塘水质达到肉鸭饮水要求。

2. 使用中大鸭饲料

中大鸭料一般制成粒径为 3～5 毫米的全价颗粒饲料。中大鸭料的代谢能应达到 12 兆焦/千克，粗蛋白质应不低于 14.5%。需要为每只肉鸭准备 7～8 千克中大鸭料。

逐步过渡换料：换料第 1 天，使用 2/3 的雏鸭料和 1/3 的中大鸭料，混匀后饲喂；第 2 天，使用 1/2 的雏鸭料和 1/2 的中大鸭料，混匀后饲喂；第 3 天，使用 1/3 的雏鸭料和 2/3 的中大鸭料，混匀后饲喂；第 4 天全部使用中大鸭料饲喂。

3. 供应充足的饲料和饮水

中大鸭阶段继续采用自由采食的方法饲喂，并注意每天空槽 1～2 小时。并要充分注意满足肉鸭饮水需要，不能断水。

4. 合理安排饲养密度

采用旱地圈养或鸭鱼结合饲养方式时，中、大鸭的饲养密度以每平方米陆地运动场面积饲养 1～2 只为宜，可根据季节等进行适当调整。

5. 适当分群管理

为了中大鸭生长发育均匀，以及饲养管理人员操作方便，一般按 1000～2000 只的规模管理；随着鸭的周龄增加，每周将体弱和体小的肉鸭从鸭群中挑出和单独圈养，加强饲养管理，以减少鸭群中残次肉鸭的数量。

6. 保持环境卫生，做好防疫管理

在日常管理中，每日清晨巡视鸭群，注意观察鸭群动态，做好每日生产记录，及时掌握生产情况。

鸭性情胆小，应保持场地安静，避免行人和车辆骚扰鸭群产生应激，禁止夜间用电筒或强光照射鸭群，否则会引发惊群。

应定时清除户外圈养场地上的鸭粪，饲料槽、饮水槽等也要定期洗刷和消毒。

注意做好鸭瘟、大肠杆菌等疾病的免疫预防接种工作，防止传染性疾病的流行。

一般优良肉鸭品种如樱桃谷鸭、北京鸭等，在正常饲养管理条件下，当肉鸭养到6～7周龄、体重达到3000克左右、羽毛基本长齐时，就可上市屠宰。

第六节　鸭的生态放养技术

鸭的生态放养一般分为育雏和放养两个阶段。育雏阶段一般在鸭舍内，饲养4周左右，等雏鸭脱温后视情况再到林地放养。林地生态养鸭应该从林地条件、养鸭的技术等方面做好准备。

一、生态放养的基本条件

林地、果园等放养场地是生态养鸭的生活场所，选择得当与否，对养殖的效率和效益有很大影响。在放养场地选择方面应考虑以下内容。

（1）环境条件　平原地区的林地、果园，应注意选择在地势高燥，平坦，较周围地段稍高、稍有缓坡的地方，以便排水，防止积水和雨后泥泞，容易保持场地和棚舍干燥。低洼潮湿的场地，空气相对湿度较高，不利于鸭的体热调节，而利于病原微生物和寄生虫的生存繁殖，对鸭的健康会产生很大影响。

　　丘陵、山区林地应选在地势较高、向阳背风的地方，坡面坡度不超过25％。还要注意地质构造情况，避开断层、滑坡、塌方的地段，避开坡底和谷地以及风口，以免受山洪和暴风雪的袭击。放牧场地的地形应尽量开阔整齐，不要过于狭长或边角过多，这样在饲养管理时比较方便，能提高生产效率。

　　放养场地除在丘陵、山区外，最好是沙壤土，透水透气性良好，雨后不会泥泞，易于保持干燥，可防止病原菌、寄生虫卵、蚊蝇等生存和繁殖。

　　放养场地的位置要考虑饲料、物资需求和产品供销，应保证交通方便。远离屠宰场、化工厂、大型养殖场等污染源，保证防疫安全。

　　（2）林地植被状况　　植被的多少，影响林地养鸭的效益和效果，甚至是养殖成功与否的关键因素之一。要考察植被的密度和牧草的覆盖率和植被的种类。单位面积的林地生长的植被越多、地块覆盖率越高越好。果园、林地的野草质量较好，土地条件较差的山地和丘陵，生长的抗逆性较强的野草，可食性差，多数不能被利用，不宜作为林地生态饲养的场所。

　　（3）可靠的水源　　在放养期间，鸭在野外受到阳光直射、自然风吹，运动量大，往往比在舍内饲养需要更多的饮水。散养时每只成年鸭每天的饮水量平均为300毫升，炎热季节饮水量更大，可达采食饲料量的4～6倍。所以放养需要放养场地有可靠的水源，给鸭只提供充足、优质的饮水，才能满足鸭的健康和生长发育的需要。附近最好有小溪、池塘等清洁水源。

二、林地、果园种类及特点

　　林地、果园、山地、坡地、竹园、茶园和桑园、草场、农田、滩涂等都可以用来进行生态养鸭。

1. 林地

　　林地中野生草菜、昆虫等自然饲料资源丰富，林下空间宽阔，空气新鲜，环境幽静，适宜林地生态养鸭。

（1）树冠及郁闭度　林地以树冠较小、林木稀疏、冠层较高（4～5米及以上）、树林郁闭度在70％左右、阳光照射地面面积在50％左右的成林较为理想，这样的林地透光通气性能好，林地杂草、昆虫丰富。如果树木枝叶过于茂密，遮阴大的林地透光效果差，不利于鸭的生长。

（2）树龄　林地以中成林为佳。为不影响树木生长发育，不宜选择处于苗木期的林地。小树苗栽种比较密集，树枝低矮，不利于空气流通，夏天不能遮阴避雨，对鸭的生长和发育也利。成材林即将开始采伐，不宜用做林地养鸭。

（3）生态林带不宜养鸭　沿河林带、道路绿化林带、环城林带等生态林带，由于地理位置、林地面积和形状等因素，不宜用来养鸭，否则影响林带作用和周边环境。在这样的林带里养鸭，鸭也容易受到外界环境的影响，影响生产性能。

2. 果园

地势高燥、环境安静、饮水方便、农药用药少、排水良好、无污染的果园都可养鸭。以干果、主干略高的果园为佳，最理想的是核桃园、枣园、柿园、桑园等，这些果树主干较高，果实结果部位也高。苹果园、梨园、桃园、杏树园、橘园、李园、山楂园等，放养期应避开果树用药期，防止鸭农药中毒。

3. 不宜作为林地养殖的地区

规定的自然保护区、生活饮用水水源保护区、风景旅游区、受洪水或山洪威胁及有泥石流、滑坡等自然灾害多发地带自然环境污染严重的地区，不宜作为林地养殖的地区。

三、品种的选择

林地养鸭，品种的选择是生产成功与否的关键环节。林地和果园养鸭，环境较复杂，饲养管理条件不高，所以所养品种要求适应性较强、觅食能力强、耐粗饲、抗病力强，选择既适于圈养，又可在低山、丘陵地区放养的品种进行饲养。最适宜养殖的品种，首先为地方品种鸭，其次是地方杂交鸭，再次是良种蛋鸭，一般不宜养殖大型肉用鸭。如麻鸭类型的地方品种，体型较小，行动轻便灵活，觅食能力强，适应性广，最适于放牧。金定鸭是青壳蛋品种，蛋个较大，对放牧环境有良好的适应性，觅食能力强，非常适合在具有良好放牧条件的地方饲养。

四、育雏技术

一般在鸭舍内饲养 4 周左右，等雏鸭脱温后视情况再到林地放养。

鸭从雏鸭舍到林地饲养，环境条件变化大，为让鸭能尽快适应环境的变化，防止对鸭产生大的应激反应，放养前要给予适应性锻炼。

1. 温度的锻炼

在育雏后期，应逐渐降低育雏室的温度，延长自然通风时间，使鸭舍内环境逐渐接近舍外的气候条件，直到停止人工供温。育雏脱温结束后，林地饲养前 7～10 天，训练鸭适应野外温度。方法是：每天上午 10 时到下午 3 时将鸭舍南北开窗，逐渐提早到每天早上天亮至天黑全日开窗，让鸭适应外界温度。

2. 对饲料的适应性锻炼

在林地饲养前 1～3 周，在育雏料中添加一定量的青草或青菜，每天逐步加大投喂量，在放牧前，青饲料的添加量可占到雏鸭饲喂量的一半左右，适当喂给人工饲养的蝇蛆、蚯蚓等，鸭在放养后适应采食野生嫩草和昆虫类饲料。

3. 体质活动量锻炼

在育雏后期，应逐渐扩大雏鸭的运动量和活动范围，增强其体质，以适应放养环境。

4. 应激的预防

放牧前和放牧的最初几天，在饲料或饮水中适量添加维生素 C 或电解多维等药物，可以减少应激和疾病的发生。

5. 管理方面

注意训练、调教鸭群，喂料时给予响声，使鸭在放养前形成条件反射，以利于在林地环境中的管理。在育雏后期，为了适应野外生活的条件，饲喂次数、饮水方式和管理形式等日常管理可以逐渐接近林地生态放养鸭的饲养管理。

五、育成鸭阶段放养技术

育成鸭是指从开始长粗毛（正羽）到长齐粗毛这一阶段的鸭。一般蛋用和兼用型鸭是指 31～90 日龄（性成熟前）的鸭；肉用型鸭一般是指 31～70 日龄的鸭。经过 30 天的培育，雏鸭羽毛已经丰满，生理机能逐渐完善，对外界环境的适应能力也逐渐得到了增强，雏鸭可以脱温饲养，进入育成阶段。这时如果外界环境条件（主要是气温）适宜及林地、果园野生动物、植物饲料的供应较好，就可以根据鸭的生长发育情况、饲养目的、周期安排，选择适宜的时机把育成鸭转群到放养场地进行饲养。

生态放养的方式可以在 30～45 日龄选择主要以在放养地放养为主和先在放养地育成鸭舍圈养至 60 天再放养的方式。可以根据当地季节、林地条件、鸭的品种、饲养目标等情况而定。

1. 育成鸭的特点

随着日龄的增长，体温调节能力增强，对外界气温变化的适应能力也随之加强。由于羽毛的着生，御寒能力也逐步加强。因此，青年鸭可以在常温下饲养，甚至可以露天饲养。消化器官迅速发育，胃肠容积增大，采食量加大，消化能力大大增强，杂食性强，可以充分利用天然动、植物性饲料。骨骼结构基本发育完全、肌肉迅速生长，皮下脂肪日益累计，机体各种功能加强，鸭适应性和抗病力增强。因此，在饲养管理上可以粗放一些，改喂营养水平较低的育成鸭料，但应随时注意观察鸭群，根据鸭的行为采取相应的有效措施。在日粮配合上要供应充足的蛋白质（特别是含硫的蛋氨酸和胱氨酸）、钙磷、维生素等，在日粮中逐步增加谷物、糠麸、饼粕类饲料和青饲料。

2. 生态放养前的准备工作

对放养场进行彻底清理、打扫卫生与消毒。每批鸭饲养前，要对放养林地及鸭棚舍进行一次全面清理，清除林地及周边各种杂物及垃圾，再用安全的消毒液对林地及周边场地进行全面喷洒消毒，尽可能地杀灭和消除放养区的病原微生物。

育成鸭舍的准备：地面平养和网上平养，在舍外圈一定面积的运动场。舍内铺好洁净、干燥的垫草，网上平养时网床床架的高度可离地20~30厘米，并做好鸭上下网床的梯板。

在育成鸭舍外运动场上搭设遮雨篷，防止下雨后料槽被淋湿，也预防鸭受雨淋。

准备饲槽和饮水器：转移到放养场地的前3天，喂料和饮水都在舍内进行，以让鸭尽快熟悉新的饲养环境。要在育成舍内准备好数量充足的料槽和饮水器，事先放好饲料和饮水，保证鸭一到育成舍内能马上吃上饲料，喝到水。3天后再逐步把喂料和饮水挪到外面的运动场区。

3. 确定放养的日龄

雏鸭脱温后，可以开始放养。但放养时间不宜过早，否则雏鸭的抵抗力差，觅食能力低，容易感染疾病，成活率下降，并影响后期鸭的生长发育。并且放养过早时，雏鸭对林地野外天敌的抵御能力差，容易受到伤害。

决定鸭的放养日龄要从雏鸭的发育情况、外界气候条件等情况综合考虑。最关键的是外界环境温度。

4. 转群

经过脱温和放养前的训练后雏鸭才可以转群到放养场地进行放牧饲养。在转到放养场饲养的前3~5天，在饲料中加入电解质或维生素，每天早晚各喂一次。转群前必须空腹方可运出。

转群要在天气晴暖、无风的天气进行，最好在早晨或夜晚进行。根据分群计划，一次性把雏鸭转入林地鸭舍。可结合转群注射相应日龄的疫苗，可进行鸭胚化鸭瘟弱毒疫苗接种，减少应激次数。

从育雏鸭舍转群到放养地放养，鸭的生活环境、饲料供给方式及种类等都发生剧烈变化，对鸭造成很大应激，必须通过科学的饲养管理才能帮助鸭平稳适应新的环境，不至造成大的影响。

5. 分群、疏散饲养

从育雏鸭舍转群到放养地鸭舍时要同时进行分群，按鸭大小、强弱、公母实行分群并疏散饲养。分群饲养是林地生态饲养过程中很关键的环节。要根据品种、日龄、性别、体重、放养地的植被情况、季节等因素综合考虑分群和群体的大小。

鸭群中大鸭运动速度快，觅食能力强，生长发育更迅速，小鸭就越来越赶不上，最后会生病或死亡。把发育良好、体重均匀的鸭分在大群，把发育较慢、病弱的鸭分开以便单独加强管理和补给营养，利于病弱的鸭恢复。公鸭抢食，常追逐母鸭，公鸭之间也好斗，影响觅食和休息。按大小、强弱、公母分群饲养后，鸭群个体差异较小，均匀度好，争斗、啄癖少。

根据放养场面积大小和饲养规模，一般一个群体 200～300 只育成鸭比较合适，不超 500 只。放养开始鸭体重小，采食少，饲养密度和群体可大些；植被状况好，饲养密度和群体可以大些。早春和初冬，林地青绿饲料少，密度要小一些，夏秋季节，植被茂盛，昆虫繁殖快，饲养密度和群体可大些。育成鸭对外界环境十分敏感，尤其是在长血管时期，饲养密度大时，由于鸭的挤动，会引起鸭群躁动，使刚生长出的羽毛轴受伤、出血、折断，有的鸭背腰部的羽毛被践踏掉，皮肤被鸭抓后出血，造成生长发育停滞，影响以后的产蛋。群体太大，还会造成鸭多草虫少的现象，会造成植被被很快抢食，引起过牧，并且植被生态链破坏后恢复困难。一定林地面积饲养鸭数量多后鸭采食、饮水也容易不均，会使鸭的体重、整齐度比较差，大的大、小的小，并出现很多比较弱小的鸭，所以规模一定要适度。

6. 舍内饲养到放养的过渡期管理

从育雏鸭舍转到野外放养的初期（尤其是最初的 1～2 周）是放养成功的关键时期。如果过渡期管理得当，鸭会很快适应放养环境，不会因为环境的巨大变化而影响生长发育。为给育成鸭创造一个温度和环境的适应过程，减少应激，可以根据鸭的生长发育情况、外界天气（主要是温度条件）、林地野生动植物饲料的多少、鸭饲养周期的安排等情况，先在林地育成鸭舍内饲养一段时间（约1～4周），让鸭从林地舍内饲养到林地放养有个过渡期，利于鸭的生长发育。

在转移到放养地后的前3天，喂料和饮水都应该在鸭舍里进行，让育成鸭尽快熟悉新的鸭舍环境，减少应激。3天之后，再逐步把喂料和饮水挪到遮雨棚下，让鸭自由觅食，诱导育成鸭逐渐到外面活动，让它们逐步适应林地散养的生活方式。同时准备好饮水器，让鸭能随时饮到水。并在水中加入适量维生素C或电解多维，减少应激反应。

在放养的最初几天要设围栏限制活动范围，把鸭群控制在离鸭舍比较近的地方，不要让鸭远离鸭舍，以免丢失。开始几天每天放养时间要短，放养时间每天放养2～4小时，以后逐步延长放养时间。

饲料更换要逐渐过渡，第一天用2/3的雏鸭料和1/3的育成鸭料混合后饲喂，第二天各用一半混合饲喂，第三天用1/3雏鸭料和2/3的育成料混合饲喂，第4天全部用育成鸭料。在育成鸭舍内饲养阶段仍按舍内喂料量给料，饲喂采取自由采食和自由饮水。

在育成鸭到林地放养前，应根据林地及主要野生饲料情况进行有针对性的采食训练。林地的主要野生饲料是杂草、草籽、昆虫、蚯蚓，有水域的野生饲料为水草、螺蛳、小鱼虾等。育成鸭的觅食能力很强，一般经过2～3次调教即可。

开始放养前的第一周在林地养鸭区域内放好料盆，让鸭既能觅食到野生的饲料资源，又可以吃到配合饲料，使鸭消化系统逐渐适应。随着放养时间的延长，使鸭群的活动区域逐渐扩大，直到鸭能自由充分采食青草、菜叶、虫蚁等自然食料。

7. 调教

中鸭身体强壮，可塑性强，容易调教。调教是指在特定环境下，在对鸭进行饲养和管理的过程中，同时给予鸭特殊指令或信号，使鸭逐渐形成条件反射。在林地放养是鸭的群体行为，必须有一定的秩序和规律，否则任凭鸭只自由行动，难以管理。

在林地放养前，必须使鸭听懂各种命令和信号，服从命令听指挥。调教时要用固定的信号和动作进行训练，使鸭逐渐建立起条件反射，产生习惯性行为，便于日常的饲养管理。鸭子具有强烈的合群性和从众行为，并有一定的等级序列。可使用固定的信号和动作进行训练，使鸭群建立起听从指挥的条件反射。

对鸭的调教从小鸭阶段开始较容易，调教内容包括饲喂、放牧、归舍和紧急避险等。

(1) 提高鸭子的胆量，降低其敏感性　育成鸭胆小、敏感、易惊。平时的饲养管理过程中，使鸭不怕人，养成听人指挥的习惯。应态度和缓，不要急赶、驱打、粗声吆喝。并多与鸭接触，利用放鸭和开食让鸭在身边经过，提高鸭的胆量，以免遇到生人或环境改变引起惊群。

(2) 放牧调教　放牧时调教更为重要，可以促使鸭到较远的地方觅食，避免有的鸭活动范围窄，不愿远行自主觅食。

调教的方法是：一个人在前面慢步引导，一边撒扬少量的食物作为诱饵，一边按照一定的节奏发出语言口令（如不停的叫走、走、走），后面另一个人手拿一定的驱赶工具，一边发出驱赶的语言口令，一边缓慢舞动驱赶工具前行，一直到达牧草丰富的草地为止。这样连续调教几天后，鸭群便逐渐习惯往远处采食了。

(3) 饮食及归舍调教　在育雏阶段，应有意识的给予信号进行喂料调教，在放养期得以强化，使鸭形成条件反射。

在调教前，让鸭群有饥饿感，开始给料前，一边给予信号（如吹口哨），喂料的动作尽量使鸭看得到，以便产生听觉和视觉双重感应，加速条件反射的形成。每次喂料都反复同一信号，一般3～5天即可建立条件反射。

生产中多用吹口哨和敲击金属物品产生的特定声音，引导鸭形成条件反射，让鸭听到饲喂信号而归舍。

8. 补料

林地、果园等养鸭，仅靠野外自由觅食天然饲料不能满足生长发育和产蛋需要，必须补充饲料。即使在外界虫草丰盛的季节（5～10月份），也要适当进行补饲。在虫草条件较差的季节（12月到翌年3月），补饲量几乎等于鸭的营养需要量。无论育成期，还是产蛋期，都必须补充饲料。

（1）补料次数　补饲方法应综合考虑鸭的日龄、鸭群生长和生产情况、林地虫草资源、天气情况等因素科学制订。

以放养为主的时期，为补充饲料不足，对放养鸭可早晚各补饲一次，按早半饱晚喂足的原则确定补饲量，并逐渐减少喂食次数和数量，促使鸭的自由饮食，并备足饮用水。林地野生动植物饲料丰富时，放养前可不喂料，晚上回棚舍后，视鸭群的进食程度、食欲状况进行补饲，并备足饮用水。

在特殊情况下（如下雨、刮风、冰雹等不良天气），可临时增加补料次数。天气好转，应立即恢复。

补饲时要定时定量，一般不要随意改动，以增加鸭的条件反射，养成良好的采食习惯。

（2）补料量　补料量应根据鸭的品种、日龄、鸭群生长发育状况、林地虫草条件、放养季节、天气情况等综合考虑。夏秋季节虫草较多，可适当少补，春季和冬季可多补一些。每次补料量的确定应根据鸭采食情况而定。补饲量可以次日凌晨放牧前食盆里还剩少许先天的补饲量作为下一天补饲量的参考。

（3）饲料　育成阶段鸭的营养原则是：宜低不宜高；宜粗不宜精。代谢能11.3～11.5兆焦/千克，蛋白质水平14%～16%即可。育成鸭胃肠容积大，采食量大，使用较粗颗粒料，便于育成鸭吞咽，容易采食。如颗粒小或使用粉料，育成鸭采食少，难吞咽，浪费多。

9. 饮水

育成鸭饮水多，喜欢戏水，溅水理毛，需水量大。鸭在林地饲养，供给充足的饮水是鸭保持健康、正常生长发育的重要保障。尤其鸭在野外活动，要风吹日晒，保证清洁、充足的饮水更显得非常重要。在轮牧区要为鸭备足饮用水。在鸭活动的范围内要放置充足的饮水器（槽），并且经常换水，保持饮水清洁。饮水器（槽）位置要固定，以便让鸭在固定的位置找到水喝，尽量避免避免阳光的直射。舍外饮水器（槽）不能断水，以免在炎热的夏季鸭喝不上水造成损失。在鸭活动较多的位置可多放置几个，放养地内较边远的地方可少放几个。鸭舍内也要设有饮水器，供鸭使用。

放养时夏秋季雨水比较多，为减少鸭喝到污染的雨水造成消化道疾病，在每次下雨后要及时把舍外被雨水污染的水槽清洗干净，重新换上新鲜的水供鸭饮用，保证饮水充足、清洁卫生。

10. 光照

光照是控制性成熟的方法之一。育成鸭的光照时间宜短不宜长。育成鸭每天的光照时间应稳定在 8～10 小时，光照强度以 5～10 勒克斯为宜。为了便于鸭夜间饮水，防止老鼠或鸟兽走动时惊群，鸭舍内应通宵弱光照明，并备有应急灯。

11. 实行围网、轮牧饲养

生态放养，鸭在野外林地自由活动，通常要放养区围网。

（1）围网目的

① 作为林地、果园和外界的区界，通常使用围网或设栏的方法，将林地环境和外界分隔，防止外来人员和动物的进入，也防止鸭走出林地造成丢失。

② 放养场地确定后，通过围网给鸭划出一定的活动范围，防止在放养过程中跑丢，也能避免产蛋鸭随地产蛋，捡不回来。雏鸭刚开始放牧时，在鸭需要的活动区域较小，也不熟悉林地环境，防止鸭在林地迷路，要通过围网限制鸭的活动区域。随着鸭的生长，逐步放宽围网范围，直到自由活动。

③ 用围网分群饲养。鸭群体较大时，鸭容易集群活动，都集中在相对固定的一个区域，饲养密度大，造成抢食，过牧鸭也容易患病，通过围网将较大的鸭群分成几个小区，对鸭的生长和健康都有利。以 50 厘米尼龙网围栏成几个区轮放，围网后，林地、果园、荒坡、丘陵地养鸭实行轮牧饲养，防止出现过牧现象。

④ 果园喷施农药期间，施药区域停止放养，用网将鸭隔离在

没有喷施农药的安全区域。

（2）建围网方法　放养区围网筑栏可用高 1.5～2 米的尼龙网或铁丝网围成封闭围栏，中间每隔数米设一根稳固深入地下的木桩、水泥柱或金属管柱以固定围网，使鸭在栏内自由采食。围栏尽量采用正方形，以节省网的用量。放养鸭舍前活动场周围设网，可与鸭舍形成一个连通的区域，用于傍晚补料，也利于夜间对鸭加强防护。

12. 诱虫

生态放养的管理中，在生产中常用诱虫法引诱昆虫供鸭捕食。常用的诱虫法有灯光诱虫法和性激素诱虫法。

（1）灯光诱虫法　通过灯光诱杀，使林地和果园中趋光性虫源大量集中被消灭，迫使夜行性害虫避光而去，影响部分夜行害虫的正常活动，减轻害虫危害。大大减少化学农药的使用次数，延缓害虫抗药性的产生。保护天敌，优化了生态环境，利于可持续发展。

昆虫飞向光源，碰到灯即撞昏落入安装在灯下面的虫体收集袋内，第二天进行收集喂鸭。诱得的昆虫，可以为鸭提供一定数量的动物性蛋白饲料，生长发育快、降低饲料成本，提高养鸭效益，同时天然动物性蛋白饲料不仅含有丰富的蛋白质和各种必需氨基酸，还有抗菌肽及未知生长因子，采食后可提高鸭肉和鸭蛋的质量。

灯光诱虫投入低，操作简便易行。利用黑光灯诱虫是生产中最常见的做法。黑光灯主要由黑光灯灯管及附件（整流器、继电器和开关）、防雨罩、挡虫板、收虫器、灯架等组成。目前有 5 类黑光灯：普通黑光管灯（20 瓦）、频振管灯（30 瓦）、节能黑光灯（13～40 瓦）、双光汞灯（125 瓦）和纳米汞灯（125 瓦）。20 瓦的黑光管灯和 30 瓦的频振管灯，在黑暗环境下有效诱集半径为 100米。13～40 瓦节能黑光灯的有效诱距半径 50～120 米。125 瓦双光汞灯的有效诱距半径为 100～150 米，125 瓦的纳米汞灯有效诱距半径约 200 米。纳米汞灯，能发出一种人眼看不见而昆虫能明亮看见和最敏感的电磁波，呈暗弱紫色。能把 200 米以外的夜行昆虫诱来，捕诱害虫种类多，可达 1000 多种。

使用时要注意安全用电，可将黑光灯吊在离地面 1.5～2 米高的地方，安装牢固。一般每隔 200 米设置一盏。昆虫扑灯时间集中，多数昆虫一夜仅有 1 个扑灯高峰，多数出现在下半夜。天黑后开灯，在晚上 8 时到 12 时开灯，诱虫效果最好。遇风雨天气，可不开灯。

（2）性激素诱虫法　利用人工方法制成的雌性昆虫性激素信息剂，诱使雄性成虫交配，在雄性成虫飞来后掉入盛水的诱杀盆而被淹死而成为鸭的饲料。一般每亩放置 1～2 个性激素诱虫盒，30～40 天更换 1 次。性激素诱虫效果受性激素信息剂的专一性、昆虫田间密度、昆虫可嗅到性诱剂的距离、诱虫当时的风速、温度等环境因素的影响。

13. 防御天敌

放养时，鸭的个体小，没有自卫和防御能力，鸭群会经常受到老鼠、老鹰、黄鼠狼和蛇等天敌的伤害，防御和消除天敌是林地养鸭管理中的一项重要工作，应特别注意加强防范。提前了解林地放养区域及其附近常见的野生动物类型和数量，采取针对性措施。

（1）老鼠　老鼠是放养时最常出现的主要天敌。老鼠经常偷食粮食饲料，损坏物品，咬伤、咬死鸭只，偷吃鸭蛋。还可通过其粪尿及皮毛污染或携带蚤、螨等体外寄生虫，造成很多人畜共患病的传播，给林地养鸭造成严重损失。消灭林地鸭场鼠害必须进行全面防治。

（2）鹰　鹰类活动规律一般为初春、秋季多，盛夏、冬季相对较少；早晨、下午多，中午少；晴天多，大风天少；山区和草原较多，平原较少。鼠类活动盛期，鹰类出现的次数和频率也高。但在林地养鸭时，无论山区还是平原，无论春夏秋冬，都有一定数量的老鹰活动，对鸭群造成伤害。

鹰是猛野禽，不仅捕食雏鸭，也捕食中鸭和大鸭。但由于鹰是益鸟，不能猎杀，可想办法进行驱避。

（3）蜈蚣、蛇　蛇可将雏鸭咬伤咬死。蜈蚣在受到鸭触动时就反转头来咬鸭，使其中毒而死。蛇可用捕捉法和驱避法，蛇怕具有刺激性气味的物质，特别是化学药剂，如酒精、烟草、雄黄、硫黄等。蛇还怕火、怕烟。

14. 注意天气情况

鸭刚到放养地放养，鸭需要有一个适应的过程，春季外界温度变化较大，常会出现在温度逐渐升高的过程中突然降温的过程。所以林地养鸭一定要时常关注天气情况，每天注意收听天气预报，如遇有大风、雨雪、降温等异常天气，提前做好准备，当天尽量不放鸭到林地，或提早让鸭回到鸭舍，避免鸭被雨淋、受凉，造成鸭感冒患病、死亡。遇打雷、闪电等强响声、光亮刺激，鸭会出现惊群，聚群拥挤，要及时发现，将鸭拨开。

15. 防止鸭中毒

林地、果园喷洒农药前，利用分区轮换放养，避免鸭中毒；果园治虫防病要选用高效低毒农药，用药后间隔 7 天以上，再放鸭到果园。并注意备好解毒药，以防鸭群中毒。邻近农田喷药时，要注意风向，并应将鸭的活动场地与农田用网隔开。

16. 日常管理

（1）放养地和鸭舍卫生消毒　在放养场门口、鸭舍门口设消毒池或消毒用具。保持充足的消毒液，及时检查添加消毒药物。饲养人员进入鸭舍前更换专用洁净的衣服、鞋帽。鸭舍和场地每天清扫、消毒。

（2）注意营养，增进食欲　根据中鸭期的生长发育特点，要求在的日粮中保证充足的蛋白质（特别是含硫的蛋氨酸和胱氨酸）、钙、磷和维生素的供给。在放牧养鸭中，小鸭阶段正值炎热的夏秋，鸭的食欲减退，要增进鸭的食欲，要有一系列防暑降温措施。要使鸭去吃丰富多样的动物性、植物性饲料。动物性饲料如蝇蛆、河蚌喂鸭，也可提高中鸭食欲。

（3）鸭舍内饲养密度　鸭舍内的饲养密度随品种、鸭龄、季节和气温的不同而变化。一般 5～10 周龄 10～15 只/米²，11 周龄到育成结束 8～10 只/米²。育成鸭舍可按大小、公母分群饲养，把鸭舍分间，每间 100～200 只，使一个小间个别鸭的骚动不影响其他鸭，避免拥挤。

（4）细心观察，做好记录 每天注意观察鸭的精神状态、采食和饮水情况，注意采食量和饮水量有没有突然地增加或减少。

平时注意观察鸭的粪便颜色和形状，一旦出现异常粪便，及时诊治。每天鸭入舍前清点鸭数，发现鸭数减少，查找原因，注意林地放养时由近到远、逐步扩大范围，以防鸭走失。鸭入舍后可关灯静听鸭是否有甩鼻、咳嗽等呼吸道症状；观察鸭群有没有啄癖现象；发现异常现象，查清原因，及时采取措施。

注意观察群体大小、体重及均匀度。群体过大，林地植被很快被鸭吃光，造成鸭采食不足，影响生长；群体过大，遇寒冷天气，鸭易扎堆，常造成底下的鸭被踩压而死。

把大小鸭分开饲养。大小鸭混养时，大鸭抢食，易争斗，使小鸭处于劣势，时间长了，影响小鸭发育，使小鸭更小，抵抗力差，易生病。注意把病弱瘦小的鸭只单独挑出来，分析原因，没有饲养、治疗价值的及时淘汰。

（5）环境控制情况 注意观测、记录林地环境天气、鸭舍温度、湿度、通风等情况。保持料槽、饮水器等饲喂用具清洁，每天清洗、消毒，保证饮水器 24 小时不断水。注意随着鸭的生长加高料槽高度，保持料槽与鸭的背部等高，减少饲料浪费。

（6）科学接种疫苗，定期驱虫 必须制订科学的接种程序并严格执行，如禽霍乱、鸭瘟、鸭流感等都应科学接种。不接种疫苗会造成鸭群传染病发生，造成很严重的损失，有时甚至全群覆灭。

（7）预防性用药 林地养鸭时，鸭易患寄生虫病、鸭霍乱等，应加强环境管理，保持饲养场地和鸭舍清洁，定期消毒，并注意药物预防。

（8）保持环境安静，注意防止应激 老鸭要奔，小鸭要困，中鸭活泼好动，如果让其整天运动，营养物质的消耗巨大，生长发育就会减慢，必须要有一个安静的环境让其吃饱后休息、睡觉。夜间防止野兽，突然、大的声响对鸭的影响，一旦出现，立即排除，让鸭安静。

（9）建立稳定的作息制度，尽量保持稳定　在日常饲养管理工作中，一切都要准确而有规律，以养成良好的条件反射和生活习件。养鸭人应当固定，不宜随便换动。每天放牧、饮水、休息、喂食等的规律也不应随便变换。

17. 后备种鸭的选留与饲养管理

（1）选留后备种鸭　雏鸭 60～70 日龄时按饲养目的（肉用或蛋用）及标准选留后备种鸭。需要留作种鸭的，根据种鸭选择标准，分别选留后备种公鸭和母鸭。其余全部转入商品鸭（后备育肥鸭、商品蛋鸭）进行饲养管理。

（2）后备种鸭饲养管理

① 单区散养　后备种鸭要选择饲养条件好、卫生防疫安全的区域单独散养。

② 后备种鸭均匀度的控制　选择健康状况良好、外貌体态符合品种特征的鸭苗。

③ 限饲　放养鸭群由于运动量大，能量消耗也较大，且每天都要不停地找食吃，整个过程就是很好地限饲过程。只是饲料不足补料时，要注意限制补充饲喂量。

④ 光照控制　从 60 日龄起，可在日出前或日落后适当增加人工光照，每周增加半小时或 1 小时，保持每天 16 小时到产蛋前期。

⑤ 饲料和饮水　补饲可使用育成鸭配合料，也可自行配制。

⑥ 就巢训练　鸭经过长期的选育和驯化，已失去就巢的本领，在母鸭开始产蛋前，要教它练会就巢活动并养成习惯，使母鸭习惯于在巢箱中产蛋，以减少破蛋、脏蛋率，并简化捡蛋工作。

六、产蛋鸭的放养技术

母鸭从产蛋开始到被淘汰，为产蛋鸭。

1. 产蛋鸭的生理特点

（1）觅食勤、对饲料的要求较高　蛋鸭觅食迅速，喂食时爱抢食，放牧时积极觅食，傍晚归牧时，恋恋不舍地离开放牧区。由于连续产蛋，产蛋鸭对饲料的要求较高，尤其喜欢采食新鲜的动物性蛋白饲料。

（2）胆子大，性情温顺，喜欢离群　为了寻找活食，到处啄食，加大了放牧的难度。在夜间，进鸭舍后安静地伏着，从不乱跑乱叫。放牧在外时，喜欢单独活动。

（3）生活、生产规律　鸭的产蛋时间大多集中在后半夜，夏季稍早，在凌晨0～2时，冬季稍晚，在2～4时，管理得当，产蛋会比较集中，规律性很强，要求环境安静。避免鸟兽干扰、异常声响等应激因素的干扰，防止出现鸭群骚乱、惊群。

2. 产蛋箱的设置、鸭蛋收集

（1）产蛋箱设置　可采用开放式产蛋巢，即在过夜鸭舍一角用围栏隔开，地上铺以垫草，让鸭自由进入产蛋和离开。

也可制作多个产蛋箱，让鸭选择产蛋。开始产蛋前在鸭舍周边可贴墙放置足够的产蛋箱。产蛋箱要放在光线暗、太阳光照射少的地方，使母鸭产蛋不受外界干扰。并且远离饮水器。

产蛋箱的尺寸为长40厘米、宽30厘米、高40厘米，每个产蛋箱供4只母鸭产蛋，可以将几个产蛋箱连在一起，箱底铺上松软、清洁、干燥的垫料，垫料的厚度约10厘米。垫料可以使用刨花、稻壳、轧短的稻草和麦秸等，当垫料被污染了要随时换掉。产蛋箱一旦放好，不能随意变动。

（2）蛋的收集　掌握鸭产蛋规律，做到产出的蛋要尽快收集。最好在早晨散养鸭从鸭舍赶出去后进行，及时拣蛋。仔细检查每一个产蛋箱和鸭舍的角落，做到当日产蛋尽量不留在产蛋窝内过夜。

在鸭群开始产蛋的一段时间，拣蛋时可留一枚蛋做引蛋，培养鸭进入产蛋箱产蛋的习惯。要在野外寻找蛋，并及时将产蛋环境破坏，迫使鸭回产蛋箱产蛋。

集蛋前用0.01%新洁尔灭洗手，消毒。将净蛋、脏蛋分开放置，将畸形蛋、软壳蛋、沙皮蛋等挑出单放。

及时将破蛋拣出，以免鸭养成吃蛋的恶习，发现产蛋率大幅下降，异型蛋、软皮蛋增多，应及时查找原因。

3. 补料

产蛋期补料量的多少，受鸭的品种、产蛋阶段和产蛋率、林地野生动植物饲料提供状况、饲养密度等诸多因素的影响。

（1）补料量 可根据鸭品种、产蛋阶段、产蛋量、林地植被状况等情况灵活掌握。地方品种鸭觅食能力强，一般补料量和补料营养水平相对较低些。产蛋高峰期需要的营养多，补料量应多些，其余产蛋期补料少些。因林地里野生饲料的差异补饲量相差很大，可食牧草、昆虫较多，饲养密度较小时补料可少些，如果牧草和虫体少，饲养密度较大时必须增加人工补料。

（2）补饲方法 从鸭群开始产蛋起，白天让鸭在散养区自由采食，中午和傍晚各补饲一次。每次补料量最好按笼养鸭采食量的70%～80%补给，剩余的10%～20%让鸭去采食虫草补给，并一直实行到产蛋高峰及高峰后2周。

开产的青年鸭体格健壮，精力充沛，产蛋率迅速上升，好的鸭群产蛋日增3%～4%，蛋重日益变大，食欲旺盛，但体重基本维持原状。可在开产时抽测鸭的体重。产蛋一段时间后，如鸭的体重不变或变化不大，说明管理恰当，补料适宜。若鸭的体重偏高或偏低，应当调整补料质量或补料量。

蛋的品质及鸭的精神状态直接反应营养物质的进食情况。如蛋的大端偏小，是欠早食，小头偏小说明欠中食，有沙眼或粗糙，甚至软壳说明饲料质量有问题，特别是缺钙和维生素D。

鸭每日推迟产蛋时间或白天产蛋，且蛋非常分散，应及时补喂精料。

产蛋后期可根据鸭体重和产蛋率确定饲料的质量和饲喂量。如鸭的产蛋率仍较高，而鸭的体重略有减轻的趋势时，可在饲料中适当增加动物性饲料，如蚯蚓、黄粉虫、螺蛳等；如鸭体重增加，身体有发胖的趋势时，但产蛋率仍较高，这时可适当增喂粗饲料和青饲料，或者控制采食量，但动物性蛋白质饲料还应保持原来的量或略增加；如体重正常，产蛋率也较高，饲料中的蛋白质水平应比上一阶段略有增加。

当蛋鸭养到 $500\sim600$ 日龄，如产蛋率已降至很低，要根据市场上鸭蛋和饲料的价格判断是否有必要保留。若鸭蛋的销售收入大于鸭的成本开支，整个鸭群仍可饲养。否则，即表明这批鸭已无利可图，所有的鸭都应淘汰或强制换羽。如产蛋率已难以上升，无需加料，准备淘汰或强制换羽。

总之，生态放养，掌握科学、合理的补料方法和补料量是一项最关键的技术，与养鸭的效益密切相关，甚至对放养成功与否起着决定性作用，一定要多观察，多总结，避免盲目照搬别人的方法，要根据自己鸭群的具体情况灵活掌握。

4. 饮水

在鸭活动范围放置一定数量的饮水器，如 10 只鸭可以放 1 个水盆，水盆不宜过大过深，保证供给充足、清洁的饮水。

5. 光照控制

光照对蛋鸭产蛋有重要作用。散养时鸭的光照控制和舍内饲养同样重要，不能忽视。光照时间和光照强度对鸭的产蛋都有影响。鸭是长日照动物，当春季白天时间变长时，刺激鸭的性腺活动和发育，从而促进其产卵。在白天逐渐缩短的秋季产蛋渐渐衰退。因日照增长有促进性腺活动的作用，日照缩短则有抑制作用，产蛋鸭的光照原则是，光照时间宜逐渐延长，不得随意缩短。散养鸭应从 $100\sim110$ 日龄就开始补光，一般实行早晚两次补光，早晨固定在 6 时开始补到天亮，傍晚 6:30 开始补到 10:00，全天光照时间 16 小时以上。产蛋 $2\sim3$ 个月后，可将每天的光照时间调整为 17 个小时，早晨从 5 时开始，傍晚不变。光照制度一经制订，不宜经常变动。

光照强度以 $5\sim8$ 勒克斯为宜，一般按 $1.3\sim1.5$ 瓦/米^2 设置灯具，大约 18 米^2 的鸭舍装一盏 25 瓦的灯泡。灯泡距地面 2 米，注意使用较小瓦数灯泡，均匀布置。

6. 采用轮牧

为了使放养地的植被再生恢复，应采用轮牧方式。可使用围栏或塑料网等，将放养地分成几个区域，按计划逐区分别放养，使植被得以恢复。

7. 淘汰低产鸭

生态放养时，鸭群的产蛋性能、健康状况和体型外貌都有很大差异，在饲养过程中要及早发现淘汰低产鸭、停产鸭及病残鸭等无经济价值的母鸭，以减少饲料消耗，提高鸭群的生产性能和经济效益。开产后5～6周，如仍有个别鸭未开产，应淘汰。

低产、停产鸭大多数在产蛋高峰期后这一阶段出现，饲养过程中应该经常观察，及时发现、淘汰。高产鸭和低产鸭分别可通过"五看"、"四摸"的方法进行识别。

"五看"是：一看头。鸭头稍小，似水蛇头，嘴长，颈细，眼大凸出且有神，显得光亮机灵的为高产鸭；鸭头偏大，眼小无神，颈项粗、短的为低产鸭。二看背。鸭背较宽，胸部阔深的为高产鸭；鸭背较窄的为低产鸭。三看躯。体躯深、长、宽的为高产鸭；体躯短、窄的为低产鸭。四看羽。鸭羽紧密、细致、富有弹性，麻鸭花纹细的为高产鸭；羽毛松软、无光泽、麻鸭粗花大纹的为低产鸭。五看脚。用手提鸭颈，若两脚向下伸，且不动弹，各趾展开的为高产鸭；若双脚屈起或不停动弹，各趾靠拢的为低产鸭。

"四摸"是：一摸耻骨。产蛋期的高产鸭，耻骨间距宽，可容得下3～4指；而低产鸭，耻骨间距窄，只能容得下2～2.5指。二摸腹部。高产鸭腹部大且柔软，臀部丰满下垂，体形结构匀称；而低产鸭腹小且硬，臀部不丰满。三摸皮肤。高产鸭皮肤柔软，富有弹性，皮下脂肪少；而低产鸭皮肤粗糙，无弹性，皮下脂肪多。四摸肛门。高产期的高产鸭，泄殖腔大，呈半开状态；而低产鸭泄殖腔紧小，呈收缩状，有皱纹，比较干燥。

淘汰低产蛋鸭最可靠的办法是对那些初步鉴定为低产的鸭，连续进行"摸蛋"，即用手指顶触蛋鸭的泄殖腔产道口，触摸是否有蛋。将没摸到蛋的鸭隔离，到第二天、第三天再摸，如果摸了三四次还摸不到蛋，就应淘汰。但对当年春季培育的新鸭群，即使产蛋率低，也不宜淘汰。

对鸭群进行日常管理时，必须随时观察、检查、淘汰低产鸭、停产鸭、病残鸭。

8. 产蛋鸭日常管理

（1）认真观察鸭群，掌握鸭群状况　观察鸭群是产蛋鸭日常管理中必不可少的一项工作。平时要认真观察鸭群的状况，发现个别鸭出现异常，及时分析、查找原因，采取措施，保证鸭群的健康。

从鸭的精神状态、食欲、饮水、呼吸、产蛋及粪便等方面观察判断有无异常。观察有无啄肛、啄蛋、啄羽鸭，一旦发现，把啄鸭和被啄鸭挑出隔离，分析原因，找出对策。

粪便观察：健康的鸭群粪便不硬不软，在粪便中有少量白色尿酸盐沉积。粪便呈长柱状，较干燥，说明缺乏青绿饲料；粪呈圆锥状，体积较大，湿润且带浅绿色说明大量采食了青绿饲料。绿色粪常是鸭瘟、禽霍乱病的特征，球虫病则常见血粪。

（2）密切关注产蛋情况　每天都应该检查产蛋鸭群的产蛋量、蛋的质量及其他有关产蛋的情况，并作详细记录。通过对产蛋情况的分析判断饲养管理是否恰当，从而作出必要的调整。

① 若蛋多，蛋大，说明产蛋密集和分布情况正常；沙壳、薄壳蛋少时，说明饲料、天气和饲养管理情况良好，应继续保持。

② 产蛋量骤减、分布异常，薄壳、破壳、产在外面的蛋多，而且夜间鸭群不安静，说明营养和饲养管理差，或天气不佳应注意改善。

③ 蛋量逐渐减少，出现特别小且表面粗而无光泽，或比较透明的蛋，说明鸭群产蛋接近尾声，可考虑进行强制换羽。

④ 出现壳外有黏液、白色物和粪便的混合物，说明鸭群中有"持蛋鸭"（有硬壳蛋几天不产出的），应查找原因。

（3）鸭舍消毒　鸭舍地面、补料场地每天打扫。定期消毒。水槽、料槽每天洗刷，清除槽内杂物，保持干净，林地放养场进出口设消毒池。实行全进全出。每批鸭放养完后对鸭棚舍彻底清扫、消毒，对用品熏蒸消毒。鸭场谢绝参观。

（4）注意安全　生态放养，环境较复杂，一定要注意鸭的安全。

① 注意天气　随时注意收听天气预报，遇大风、雨雪天气提前做好防范措施，避免损失。

② 防兽害　在林地鸭的活动范围，四周用铁丝网、尼龙网等围住，防止鸭跑出去，也能防狗及其他兽类闯入，使鸭受到惊吓。

③ 防止农药中毒　果园林地喷药防治病虫害时，将鸭赶到安全地块或错开时间。喷药后 7 天再将鸭放回。

④ 科学防疫　制订科学的免疫程序，按计划接种疫苗。定期驱虫。

⑤ 加强巡视，注意观察　林地鸭的活动范围较大，不易及时发现鸭的异常状态。平时要加强巡视和观察，发现病弱鸭，及时隔离、治疗，防止疾病传播。鸭晚上回舍要清点数量，发现问题及时查找原因，采取措施。

9. 不同产蛋期鸭的饲养管理

不同品种的鸭，生产性能差异较大，鸭的成熟期、产蛋季节和产蛋时间长短有差异，各地饲养母鸭的方法也有不同。一般蛋用麻鸭的利用期为 350 天左右（150～500 日龄），为一个产蛋年，也有经换羽后再利用的鸭，但此种鸭生产性能逐年下降，鸭种蛋的蛋壳质量、受精率和孵化率均有所下降。公鸭一般在 100 日龄左右有性行为表现，但到 150 日龄左右才达到性成熟，种公鸭利用期为 1 年（即 1 个配种期）。

蛋用鸭品种（绍兴鸭、金定鸭、麻鸭、卡基·康贝尔鸭），一般在 150 日龄左右有 50% 开产，至 200 日龄达到产蛋高峰（90%）。在蛋鸭整个产蛋期要通过加强管理，适当调整饲养方案，才能使产蛋高峰期维持时间长，产蛋率下降的时期尽量延后。

（1）产蛋初期和产蛋前期鸭的饲养管理要点　通常蛋鸭 150～200 日龄为产蛋初期，201～300 日龄为产蛋前期。开产后，鸭身体健壮，觅食能力强。如遇初春季节，温度、光照都适宜，是最容易饲养的时期。

① 适时散养　林地散养时间从 4 月中旬开始，此时外界气温适中，林地青草生长，昆虫开始活动，能充分利用长光照，利于鸭

的生长发育。地点要由近到远，散养时间要逐渐延长。早晨将鸭放到舍外林地散养，让其自由活动、觅食，中午和晚上将鸭找回舍内补喂饲料。

② 散养密度　一般每群以200～250只为宜，易于管理，不宜规模太大。放养密度一般为每亩20～30只。

③ 调整饲料质量　开始产蛋前，加强放养，增强体质和觅食能力，日粮蛋白质水平在14%左右，开产期日粮蛋白质提高到18%～22%，同时补足矿物质饲料特别是钙的供给。并随时根据蛋的质量、鸭的精神状态调整补料质量和补料量。

④ 注意补钙　鸭对钙的利用率约为55%，产一枚蛋需要2～2.3克钙，产蛋鸭每产一个蛋需要食入4克左右的钙。如果饲料中钙不足，就会动用骨骼中的钙形成蛋壳，骨骼中的钙被动用形成蛋壳的时间越长，蛋壳强度越差。不但会出现软壳蛋或无壳蛋，而且会促进吃料，增加饲料消耗，促进肝与肌肉中脂肪沉积，严重影响产蛋率。但供钙过多，使蛋鸭食欲减弱，明显影响产蛋量。

鸭从开产至5%产蛋率阶段可将日粮钙提高至2%，然后再逐渐提高到3.2%～3.5%。正常情况下，蛋鸭钙的合理需求量为：产蛋率在65%以下时，钙为2.5%；产蛋率在65%～85%时，钙为3%；产蛋率达80%以上时，钙为3.21%～3.5%。

钙源一般以石灰石、贝壳作为钙的主要来源，比例要恰当，石粉、贝壳粉的比例以2:3为宜。注意选购原料中颗粒应较大，颗粒状钙在消化道内停留时间长，在蛋壳形成阶段可以均匀地供钙，同时，颗粒状钙在胃内有类似沙子的磨碎作用，可促进饲料的消化利用。

⑤ 更换饲料　当产蛋率上升到50%以后，将饲料更换成产蛋高峰料。

(2) 产蛋中期的饲养技术　301～400日龄为产蛋中期。

① 保证营养水平　该阶段产蛋率已进入高峰期。放养鸭活动量大，消耗的营养多，体力消耗大，应保证营养营养，维持鸭的高产。日粮代谢能水平为11.5兆焦/千克，粗蛋白质含量为18%～

20％，日粮钙的含量为 2.5％～3.5％，可适当增加颗粒钙质的比例，保证钙的持续供应。还应满足蛋白质，特别是必需氨基酸、钙、磷、维生素 A、维生素 D、维生素 E 的需要。

② 增加补料量　根据产蛋率的变化情况，增加补料量，使产蛋性能逐渐提高。

③ 保持环境安静　加强管理，保持环境安静，非饲养人员不要随意进入舍内，防止各种应激，如惊吓、猫狗及其他动物的窜入、鞭炮及其他噪声等，以免鸭群受惊后产蛋率下降。

④ 搞好环境卫生　加强饲养管理，保持环境安静，特别注意防止狗猫等动物窜入，产蛋高峰期容易感染疾病或受到其他应激因素的影响而发病，更应注意搞好场地卫生、鸭舍卫生、饲料和饮水卫生。

（3）产蛋后期　401～500 日龄为产蛋后期。该阶段鸭产蛋高峰过去，出现产蛋率下降。如果管理不科学，产蛋率可能会急速下降，甚至会换毛停产。

① 饲喂量　应根据体重和产蛋率确定饲喂制度，不可盲目增加饲喂量。

② 保持光照　每天保持 16 小时光照，不能减少。如果产蛋率很低，无继续饲养价值时，光照时间可增至 20 小时，直至淘汰。

③ 加强消毒　产蛋后期，鸭舍的微生物数量多，更要做好粪便清理和日常消毒。

七、种鸭的饲养管理

种鸭饲养管理的主要目标是获得尽可能多的合格种蛋，能孵化出品质优良的雏鸭。

1. 养好公鸭

公鸭必须体质强壮、精神活泼、性器官发育健全、性欲旺盛、精子活力高。种公鸭应早于母鸭 1～2 个月孵出，以保证母鸭产蛋时公鸭有配种能力。育成阶段与母鸭分开饲养为宜。为使其体质健壮，应多锻炼，多活动、多采食野生饲料，应以放牧为主。配种前

20 天，与母鸭合群。

2. 合理公、母鸭配比

公、母鸭的比例，影响种蛋受精率。应根据公鸭的体质、气温、实际受精率等因素来确定或调整公母比例。如绍兴鸭，早春季节，公母比例为 1 : 20；夏秋季节，公母比例为 1 : （25～33）。全年的受精率都可达 90% 以上。如某群鸭受精率低，应及早检查种公鸭的生殖器官，不合格立即淘汰并予以更新。

3. 加强营养

种鸭的营养应在蛋鸭的基础上多喂维生素、青绿饲料，特别是要适当增加维生素 E。维生素 E 可提高种蛋受精率、孵化率，日粮中维生素 E 含量为 25 毫克/千克，不低于 20 毫克/千克，可提高种蛋的受精率和孵化率。在炎热的夏季还要适当增加维生素 C。蛋白质原料的品质应以含蛋氨酸、色氨酸高且平衡的豆粕及鱼粉为主。蛋白质饲料的比例，也要比平常略高些。禁止喂发霉变质饲料。

4. 加强饲养管理

加强鸭舍通风，减少舍内有害气体。舍内尤其是产蛋地方的垫草必须保持干燥、清洁。每日清晨及时收集种蛋，不使其受潮、暴晒、受粪便污染。不同时期的种蛋应分别贮放。对沙壳、软壳及畸形蛋统计后作食用蛋处理。气候良好的天气，应尽量早放鸭出舍，迟收鸭，增加活动量，增强体质；保持鸭舍环境的安静，避免鸭受惊吓，引起骚乱。

八、育肥鸭的饲养管理

鸭的育肥目的是使肉鸭在短期内迅速增加体重，生长肌肉，沉积脂肪，使肉质鲜美细嫩，改善肉品质。当鸭 60～70 日龄对已具有较大骨架，翅膀毛长出，体重达 1 千克，就可进行 10 天左右的肥育。

1. 减少运动

育肥期应减少鸭的活动范围，缩小林地散养场地。保持环境安静，减少应激。育肥期间使用高能量低蛋白的肉鸭后期颗粒料。充分饲喂，日夜供食、供水。应尽量圈在清洁干燥、光线较暗、通风良好的鸭舍里，每平方米关鸭 3～4 只。要防止鸭群拥挤，以免互相踩伤或擦伤而降低商品合格率。

鸭舍内温度要尽可能控制在 15～25℃，应限制鸭群活动。除每天午后水浴一次外，大部分时间关在舍内，以减少能量消耗，促进营养物质吸收。

2. 除去胴体异味

在肉鸭育肥后期尽量少用对胴体产生不良影响的原料，如鱼粉、大豆、米糠、饼粕等，鱼粉含量应控制在 3% 以内，鱼粉含量过多，肉鸭生长速度较快，但肉鸭体脂高，且肉鸭胴体很可能有鱼腥味。在预防用药时应少用或慎用一些气味较浓的药物，如大蒜素，长期使用将会造成胴体有强烈的大蒜味。在饲养后期应慎用一些抗生素及化学添加剂，为除去肉鸭胴体异味，可在饲喂中添加一些中草药香味饲料，减少胴体粪臭素含量，使胴体保持其自身特有鲜味。

3. 驱虫

育肥之前要驱除体内外寄生虫。

4. 饲养密度不可过大

饲养密度过大容易引起肉鸭惊群，相互拥挤、碰伤，造成鸭体损伤。每群规模以 200 只为宜。可将沙粒放在运动场的角落，任鸭采食，以助消化，提高饲料转化率。

5. 适时上市

育肥期一般为 10～15 天。当肉鸭体重达 2～3 千克，用手摸皮下感知脂肪增厚，且翼羽的羽根呈透明状态时即可上市。兼用型鸭一般 1.3～1.5 千克即予屠宰。

6. 减少售鸭应激

在肉鸭出栏时，每次赶鸭只数不得太多，抓鸭时动作小心，只能抓其颈部，不能抓脚，一只手只能抓一只鸭子，注意要轻抓轻放，以防鸭体受伤。

九、不同场地鸭生态放养技术

1. 果园养鸭饲养管理

（1）**放养密度** 鸭在果园放养时，鸭觅食时首先是选择各种昆虫，其次是嫩草、嫩叶，饲养密度合适时，鸭就不会破坏果实。安排好适宜的饲养规模和密度非常重要。注意鸭群规模和饲养密度不宜过大，以免果园青嫩植物、虫体等短时间就被鸭采食一空，使鸭的活动区地上寸草不生，造成过牧，植被不能短期恢复，鸭无食可吃，无法保证鸭的正常生长，靠人工饲喂，打乱果园养鸭计划，甚至造成果园养鸭失败。

根据放养鸭的大小，强弱决定放养密度，遵循宜稀不宜密的原则。一般 667 米^2（1 亩）果园可放养成鸭 20～30 只。

（2）**棚舍建造** 果园放养需有棚舍，以备晚上补饲、饮水、产蛋时使用。可因地制宜，在不远离放养园的情况下采用依山靠崖、旧建筑物改造等方法建造。应以 6～7 只/米^2 计算棚舍建筑面积，棚前要围圈出一定的活动场地，并在场地内放置料槽和饮水器槽。

（3）**消毒池设置** 在果园门口和鸭舍门口设消毒池，消毒池长度为进出车辆车轮 2 个周长，宽应保证车轮浸过消毒池为宜，常用 2% 的氢氧化钠溶液，每周更换 3 次，也可用 10%～20% 的石灰水。

（4）**围网** 为防止各种敌害侵袭，要对果园进行必要的改造。果园四周要设置围墙或密集埋植篱笆，或用 1.5～2 米铁丝网或尼龙网围起，防止鸭到果园外面活动走丢，也防止动物或外来人员进入果园。也可配合栽种葫芦、扁豆、南瓜等秧蔓植物加以隔离阻挡；种植带刺的洋槐枝条、野酸枣树或花椒树，起到阻挡外来人员、兽类的效果。

（5）**周期安排** 一个果园最好在同一时期只养一批鸭，同日龄的鸭在管理和防疫时方便也安全。

如果果园面积较大，可考虑市场供应，错开上市，养两批鸭时，要用篱笆或网做分隔，并要有一定距离，以防鸭走混，减少互相影响。

（6）分区轮牧　要根据果园面积大小将其分成若干小区，用高50厘米的尼龙网隔开，分区喷药、分区放养、分区轮牧也利于果园牧草生长和恢复，并且遇天气突变，也利于管理，减少鸭的丢失。

根据果园面积大小和养鸭的规模将果园分为几个区，通常每个区面积可按6670米^2（10亩）规划。养鸭数量少时，可以不分区，但应根据园内杂草及昆虫等的生长繁殖情况实行间断放牧。在轮放区内要为鸭子备足饮用水。

有条件时果树行间可间作优质牧草，为鸭提供部分精饲料。可用少部分果林间空地常年育虫喂鸭，可补充蛋白质饲料，使鸭肉品质得到显著改善。

（7）果实套袋　果实套袋可以改善商品外观，使果面光洁美丽，着色均匀，提高果品品质，增加果农的经济效益，同时果实套袋可以减少农药的残留、机械损伤和病虫害危害。实行果实套袋的果园，也可保护果实免受鸭的啄食。

（8）防止农药中毒　果园因防治病虫害要经常喷施农药，喷施农药要选择对鸭没有毒性或毒性很低的药物。为避免鸭采食到沾染农药的草菜或虫体中毒，打过农药7天后再放养。雨天可停5天左右。果园养鸭应备有解磷定、阿托品等解毒药物，备用。

果园低毒安全农药，提倡使用生物源农药、矿物源农药、昆虫生长调节剂，禁止使用残效期长的农药。

① 生物源农药　白僵菌、农抗120、武夷菌素、BT乳剂、阿维菌素等。

② 矿物源农药　矿物源农药的优点是药效期长，使用方便，果树生产中使用最多，效果较好的有石硫合剂、流悬浮剂、波尔多液、柴油乳剂、腐必清等。

③ 昆虫生长调节剂类　目前应用最广、效果最理想的是灭幼脲类农药，如灭幼脲3号，能有效防治食叶毛虫、食心虫，同时还能兼治红蜘蛛等害虫。此类农药药效期长，不伤害天敌，不污染环境。

④ **低毒、低残留化学农药** 吡虫啉、辛硫磷、敌百虫、代森锰锌类、甲基托布津、多菌灵、粉锈宁、百菌清等。

（9）**实行捕虫和诱虫结合** 果园养鸭，树冠较高的果树，鸭对害虫的捕捉受一定影响，为减少虫害发生和减少喷施农药次数，在鸭自由捕食昆虫的同时，使用灯光诱虫。

应用频振杀虫灯，对多种鳞翅目、鞘翅目等多种害虫有诱杀作用。利用糖、醋液中加入诱杀剂诱杀夜蛾、食心虫、卷叶虫等。黑光灯架设地点最好选择在果园边缘且尽可能增大对果园的控制面积。灯诱生态果园害虫宜在晴好天气的上半夜 19:00～24:00 开灯，既能有效地诱杀害虫，又有利于节约用电和灯具的维护。在树干或主枝绑环状草把可诱杀多种害虫。

（10）**在果园行间种草** 增加地面覆盖度，保墒效果好。另外生草还有提高土壤肥力、好管理、减少除草用工、提高果实品质等好处。人工草种可选用紫花苜蓿、白三叶草、多花黑麦草等，最好是豆科草种和禾本科草种混种。

果园内杂草和种植的牧草要适时控制高度，30 厘米以上要注意刈割。

（11）**建水池** 果园建一水池，供鸭洗浴，夏季防暑降温。但应注意水池离果树的距离不要太近，一般要在树体 5 米以外，以防渗漏，造成涝灾，影响果树生长，或造成果树死亡。

（12）**果园慎用除草剂** 果园地上嫩草是鸭的主要饲料来源，没有草生长鸭就失去绝大多数营养来源，果园养鸭不能使用除草剂。

（13）**严防兽害，防止野生动物对鸭的伤害** 放养鸭要严防山猫、黄鼠狼之类野兽的侵害。侵害鸭的兽类都惧怕网具，因此，采用尼龙网围圈放养区是有效的安全防御措施，不管放养多少只，也不管面积大小，都要用网围圈，并要固定专人管理。特别是放养幼龄鸭，防鼠害更为重要。

（14）**防疫灭病** 放养鸭的防疫同样坚持"预防为主，防重于治"的方针。要按照常规防疫程序，定期进行疫苗接种，做好防疫灭病工作。

（15）鸭出栏 鸭出栏后，对果园地里的鸭粪翻土 20 厘米以上，地面用 10%～20%石灰水喷洒消毒，以备下一批饲养。

2. 林地生态养鸭技术

我国各地有丰富的山林资源，林木比较高，下部枝杈少，林下空间多，虫草数量多，适合利用林地养鸭。

（1）注意林木株行距 应根据树种的特性，合理确定株行距。防止林地树木过密，林下阴暗潮湿，不利于鸭的健康和生长。

（2）鸭舍建造 根据养鸭者的实际条件，可建造规范鸭舍，也可使用较简单的棚舍。

（3）饲料 林下青草、昆虫，林地中还有丰富的野生中药材等，都是鸭良好的野生饲料资源。林地青绿饲料不足，还可以通过从附近刈割或收购一些青草、廉价蔬菜作为青绿饲料的补充。一般林地放养场地不缺沙土，可不用额外补充。也可在鸭舍附近林地放置一些沙粒，让鸭自由采食。

（4）防止潮湿 管理好林地排水设施，雨后及时把积水排出。鸭舍建在地势较高的地方，垫高鸭舍地面，鸭舍四周做好排水处理，雨天及时关闭门窗，防止鸭舍漏雨等。

（5）林间种草 青饲料中的各种维生素是鸭不可缺少的营养成分。由于鸭群的生长量不断加大，应当适当种植牧草予以补充。尤其在林下植被不佳的地方，可人工种植优质牧草。

牧草品种有苜蓿、黑麦、大麦、三叶草等，既可净化环境，又可补充饲料。牧草一般选择秋播，林木落叶后会增加光温，翌年气温升高后牧草生长迅速，又可控制杂草生长。牧草种植林间牧草种植，要做好季节性安排，为提高成活率及产量，一般在每年的 3～4 月、8～9 月进行 2 次播种。牧草品种以豆科牧草为主，可混播少量禾本科牧草。待牧草长至 10 厘米左右时方可进行放养。

（6）分区轮流放牧 在林地生态养鸭过程中，宜采用分区轮牧的形式，将连成片林地围成几个饲养区，一般可用丝网隔离，每次只用 1 个饲养区。轮放周期为 1 个月左右。如此往复形成生态食物链，达到林鸭共生，相互促进，充分利用林地资源，形成良性循环。

（7）谢绝参观　外界对林地的干扰较少，但应注意严格限制外来人员随便进入生产区，尤其要注意养殖同行进入鸭的活动区参观。必要时，一定要对进入人员进行隔离、消毒，方能进入生产区。

（8）强化防疫意识　建立健全的防疫制度，防疫是林地养鸭健康发展的保障，林地养鸭专业户要主动做好禽流感、新城疫等重大动物疫病的防治工作。如果林地养鸭场没有建立健全的防疫制度，外来人员出入频繁，消毒措施不到位，给疫病的传入带来了一定的隐患。

（9）翻耕　对轮下的板结的土壤进行翻耕，这样不但有利于青绿饲草的生长和利用，而且通过翻耕经日晒后杀死病菌，防止疾病的传播，减少传染病的发生，从而提高成活率和经济效益。

第六章

生态养鸭环境保护 与废弃物利用技术

第一节 鸭场环境保护的内容

　　工业生产产生的废水、废气、废渣和农业用化肥、农药等都可对鸭场环境造成危害。同时，养鸭的生产过程产生的恶臭气体、粪尿、污水等废弃物又会影响其自身和周围环境。所以鸭场环境保护应包括如下两方面的内容。

　　(1) 防止鸭场产生的废水、废气和粪便对周围环境产生污染。

　　(2) 避免周围环境污染物对养鸭生产造成危害，以保证鸭的健康。

　　《畜禽规模养殖污染防治条例》与国家标准 GB 18596—2001《畜禽养殖业污染物排放标准》是鸭场环境保护的重要依据。

　　《畜禽规模养殖污染防治条例》(2014 年 1 月 1 日起施行)规定：畜禽养殖场、养殖小区应当根据养殖规模和污染防治需要，建设相应的畜禽粪便、污水与雨水分流设施，畜禽粪便、污水的贮存设施，粪污厌氧消化和堆沤、有机肥加工、制取沼气、沼渣沼液分离和输送、污水处理、畜禽尸体处理等综合利用和无害化处理设施。已经委托他人对畜禽养殖废弃物代为综合利用和无害化处理的，可以不自行建设综合利用和无害化处理设施。

第二节 鸭场废弃物的处理利用原则

鸭场的废弃物指鸭场外排的鸭粪尿、鸭舍垫料、废饲料及散落的毛羽等固体废物和鸭舍冲洗废水等。鸭场产生的废弃物，含有大量的有机物质，如果不妥善处理会引起环境污染，危害人畜健康。同时粪尿和污水中含有大量的营养物质，是农业可持续发展的生物质资源——可再生利用的宝贵资源（肥源和能源），它有农作物土壤需要的丰富的营养成分，是联结养殖业和种植业的纽带，使生态链中物质形成循环利用。如何充分合理地利用禽粪便中的有机质和氮、磷、钾成分，又消除粪便污染，是解决粪便污染的重要内容。

鸭场废弃物的处理利用应按照《畜禽规模养殖污染防治条例》执行。条例规定：

国家鼓励和支持采取粪肥还田、制取沼气、制造有机肥等方法，对畜禽养殖废弃物进行综合利用。

国家鼓励和支持采取种植和养殖相结合的方式消纳利用畜禽养殖废弃物，促进畜禽粪便、污水等废弃物就地就近利用。

国家鼓励和支持沼气制取、有机肥生产等废弃物综合利用以及沼渣沼液输送和施用、沼气发电等相关配套设施建设。

将畜禽粪便、污水、沼渣、沼液等用作肥料的，应当与土地的消纳能力相适应，并采取有效措施，消除可能引起传染病的微生物，防止污染环境和传播疫病。

从事畜禽养殖活动和畜禽养殖废弃物处理活动，应当及时对畜禽粪便、畜禽尸体、污水等进行收集、贮存、清运，防止恶臭和畜禽养殖废弃物渗出、泄漏。

向环境排放经过处理的畜禽养殖废弃物，应当符合国家和地方规定的污染物排放标准和总量控制指标。畜禽养殖废弃物未经处理，不得直接向环境排放。

第三节　鸭粪资源化利用技术

一、鸭粪的性质

鸭粪实际是由鸭泄殖腔排出的鸭粪尿。粪由饲料中未被消化吸收的营养物质、体内代谢产物、消化系统黏膜脱落物、分泌物、微生物及其代谢物组成，尿由水、尿酸盐、尿素等组成，排出后又混有饲料、羽毛、灰尘、垫料等。

鸭粪尿的产生量大，一般与其采食风干饲料的数量相等，即采食1千克饲料就会产生1千克粪尿（不含垫草）。鸭是水禽，饮水量大，鸭粪尿的含水率高达80%。

鸭饲料的营养浓度高，鸭的消化道又不及牛、羊及猪的长，消化吸收能力有限，鸭粪中含有许多未被消化吸收又能被其他动物、植物利用的营养素。新鲜的鸭粪的养分平均含量为：水分56.6%，有机物26.2%，氮1.10%，磷（五氧化二磷）1.40%，钾（氧化钾）0.62%。

鸭粪尿干物质中一般含氮3.2%～5.4%，粗蛋白质含量为20%～34%（均以干物质为基础估算）。但其中约90%的氮是以尿酸盐、尿素、氨、肌酸等非蛋白氮的形式存在的，真蛋白质仅占10%左右。鸭粪尿中的能值、钙、磷和微量元素的含量也较高。

但鸭粪尿中也可能存在重金属元素（铅、汞、砷等）超标、药物过量等，会对畜禽鱼及环境造成危害，粪中的病原微生物还可能通过粪便传染给其他鸭、其他动物。

鸭粪中的氮素以尿酸态为主，不能被作物直接吸收，对根系的正常生长有害，须经腐熟后使用。鸭粪为热性长效微酸性肥料，高温堆肥时升温快，温度高，含氮丰富，肥效好，但黏性重，臭气浓，发酵腐熟时，不宜单独使用。

二、鸭粪的处理与利用

1. 放牧鸭粪和洗浴池鸭粪尿的利用

由于放牧面积大，洗浴池的过水量大，单位面积或水体上的鸭粪尿不是很大。自然排入的鸭粪尿绝大部分被微生物、浮游植物利用，后再作肥料或浮游动物的饲料。

2. 用作饲料

可以采用鸭粪喂鱼、喂牛羊的处理方式。

将鸭粪干燥，30％的鸭粪与玉米植株青贮，粗蛋白质可达15％，不添加矿物质元素，饲喂效果与玉米植株加矿物质元素加豆饼粕相同，但成本大大减少。

3. 用作肥料

（1）鸭粪用作肥料的方法　鸭粪作为肥料的主要处理方式有鸭粪还田和鸭粪生物发酵处理等方法。

鸭粪还田的处理方法是养鸭户利用自然干燥法或烘干干燥法对鸭粪进行干燥处理，然后出售。自然干燥法多数在鸭舍一侧或在路边地头进行晾晒（图 6-1）。烘干干燥法成本比较高，机器、设备使用寿命短。

图 6-1　鸭粪的自然干燥

　　发酵处理是采用好氧发酵的方法，利用条跺式堆肥或槽式堆肥的方法进行腐熟堆肥。根据不同地区、不同季节选择适宜的发酵辅料，如玉米秸秆、麦壳、蘑菇渣等。处理过程需要经过前期处理，需一定资金投入，但发酵后粪肥肥效高、使用持续性强，同时可除臭、灭菌，是最有前途的一种鸭粪处理方法。生物发酵的方法可根据养殖场的规模、场地等情况采用不同的方法。如养殖场可自建堆粪场、化粪池，在场内直接堆放发酵，粪污发酵后直接还田。养殖规模大、粪污排放量大而自身吸纳能力不足的养殖场，可采取与蔬菜、果树、林木、水稻、玉米等种植大户对接，出售粪污。

　　（2）好氧（腐熟）堆肥原理

　　① 好氧（腐熟）堆肥的概念　把粪便与其他有机物如秸秆、杂草及垃圾混合、堆积，在人工控制下，在一定的温度、湿度、碳氮比和通风条件下，利用自然界广泛分布的细菌、放线菌、真菌等微生物的发酵作用，把家畜粪便及垫草中的各种有机物转化为植物能够吸收的无机物和腐殖质转化的过程就是腐熟堆肥。高温堆肥的基本条件是通风供氧、控制水分和碳氮比，一般是在鲜粪（含水率70%以上）中加入干燥含碳高的调理剂（秸秆、草炭、锯末、稻壳等），调整水分，调节碳氮比，提高物料的空隙率，有利通风供氧。

　　堆肥过程中产生的高温（达50~70℃），能杀灭病原微生物及寄生虫卵（表6-1），达到无害化处理的目的，从而获得优质肥料。腐熟后的肥料可用作基肥和追肥。

表6-1　常见的病原物致死温度和时间

病原物	温度/℃	时间/分钟
沙门氏伤寒菌	55~60	30
沙门氏菌	55	60
志贺氏（杆菌）	55	60
内阿米巴组织的孢子	45	很短
绦虫	55	很短
螺旋状的毛线虫幼虫	55	很快

续表

病原物	温度/℃	时间/分钟
微球菌属化脓菌	50	10
链球菌属化脓菌	54	10
结核分枝杆菌	66	15～20
蛔虫卵	50	60
埃希氏杆菌属大肠杆菌	55	60

腐熟堆肥具有温度高、基质分解比较彻底、堆制周期短、异味小、可以大规模采用机械处理等优点。

② 好氧堆肥原理　好氧堆肥是在有氧条件下，利用好氧微生物的作用来进行的。在堆肥过程中，畜禽粪便中的可溶性物质通过微生物的细胞膜被微生物直接吸收；而不溶的胶体有机物质，先被吸附在微生物体外，依靠微生物分泌的胞外酶分解为可溶性物质，再渗入细胞。

堆肥发酵过分为三个阶段：

温度上升期：一般 3～5 天。需氧微生物大量繁殖，使简单的有机物分解，放出热量，使堆肥增温。

高温持续期：温度达 50℃ 以上后，便维持在一定的范围内。此时，复杂的有机物（如纤维素、半纤维素、蛋白质）在大量嗜热菌作用下，开始形成稳定的腐殖质，使病原菌、其他嗜中温的微生物和蠕虫卵死亡。温度持续 1～2 周，可杀死绝大部分病原菌、寄生虫卵和害虫。

温度下降期：随着有机物的被分解，放出热量减少，温度开始下降到 50℃ 以下，嗜热菌逐渐减少，堆肥的体积减小，堆内形成厌氧环境，厌氧微生物的繁殖，使有机物转变成腐殖质。

③ 影响堆肥的因素　影响堆肥的因素有碳氮比、含水率、温度、通风供氧、pH 值和接种剂等。由于好氧发酵的最佳工艺参数为含水率：45%～60%；环境温度：15℃ 以上；碳氮比：（25～35）：1。因此，无论采用哪种堆肥方法，都必须掌握适宜的控制方

法。影响堆肥的因素和堆肥控制方法见表6-2。

表6-2　堆肥的控制因素及方法

控制因素	适宜的数值	控制方法
碳氮比	（25～35）∶1	通过补加含碳量高的物料（如秸秆）来调整碳氮比
含水率	按重量计50%～60%的含水率最有利于微生物分解	畜禽粪便的含水率一般在75%～80%，可采用秸秆进行调节
温度	堆肥初期，堆体温度一般与环境温度相一致，经中温菌1～2天的作用，堆肥温度能达到高温菌的理想温度50～65℃，在这样的高温下，一般堆肥只要5～6天即可达到无害化要求。温度过低将大大延长堆肥达到腐熟的时间。温度高于70℃也抑制微生物的活动	在气候寒冷的地区，为了保证发酵过程正常进行，需采用加温保温措施。目前比较经济可行的办法是利用太阳能对物料加温与保温，可利用温室大棚的原理设计发酵设施。发酵设施应采用透光性能好、结实耐用的PVC或玻璃钢等屋面与墙体材料。发酵设施冬天应封闭良好，具有良好的保温性能；同时应通风方便，以提供发酵所需要的充足氧气
通风供氧	堆肥过程中合适的氧浓度为18%，低于18%，好养堆肥中微生物生命活动受阻，容易使堆肥进入厌氧状态而产生恶臭	翻堆可改善堆内通气条件，散发废气，促进高温有益微生物的繁殖，使堆温达到60～70℃，加速发酵物料的转化，从而达到混合均匀、受热一致、腐熟一致。可采用人工翻堆，也可采用装载机、深槽好氧翻堆机等机械来翻动物料，调控堆肥温度，并补充发酵所需氧气。发酵过程中，每天翻动1～2次
pH值	一般微生物最适宜的pH值是中性或弱碱性，pH值太高或太低都会使堆肥处理遇到困难	一般情况下，畜禽粪便的pH能满足发酵要求
接种剂	加速发酵速度	向堆料中加入接种剂（微生物菌剂）可以加快堆腐物料的发酵速度。向堆肥中加入分解较好的厩肥或加入占原始物料10%～20%的腐熟堆肥，能加快发酵速度

④ 堆肥质量的评价　堆肥粪便经腐熟处理后，其无害化程度通常用肥料质量和卫生指标两项指标来评定。

肥料质量：堆肥温度下降并趋于环境温度；基本无臭味；外观呈褐色，团粒结构疏松，堆内物料带有白色菌丝。如测定其中总氮、磷和钾的含量，肥效好的，速效氮有所增加，总氮和磷、钾不应过多减少。

卫生指标：首先是观察苍蝇滋生情况，如成蝇的密度、蝇蛆死亡率和蝇蛹羽化率，其次是大肠杆菌值及蛔虫卵死亡率，此外还需定期检查堆肥的温度（表 6-3）。

表 6-3　高温堆肥法卫生评价标准

项　目	卫生标准
堆肥湿度	最高堆温达 50～55℃以上持续 5～7 天
蛔虫卵死亡率	95％～100％
大肠菌值	$10^{-2} \sim 10^{-1}$
苍蝇	有效地控制苍蝇滋生

（3）堆肥方法　传统的自然堆腐，将家畜粪便及垫料等清除至堆肥场上，堆成条垛或条堆，定期翻堆、倒垛，以通风供氧，控制堆温不致过高，如在平地铺秸秆、将玉米秸捆或带小孔的竹竿在堆肥过程中插入粪堆，给堆内提供氧气，可提高腐熟效率和肥料质量。

堆肥场地的大小应根据粪便的多少来确定，露天堆放场或带盖堆放场应根据堆放高度确定堆放场的实际面积。场内应建收集堆肥渗滤液和雨水的排水系统和贮存池。堆肥场地必须考虑防渗漏措施，严禁对地下水造成污染。还应配置防日晒雨淋设施。

① 在水泥地或铺有塑料膜的泥地上将鸭粪堆成长条状，高不超过 1.5～2 米，宽度控制在 1.5～3 米，长度视场地大小和粪便多少而定。鸭粪中最好掺入少量马粪、牛粪或羊粪，无垫草的鸭粪则要加入杂草。

② 先较为疏松地堆一层，待堆温达 60～70℃，保持 3～5 天，

或待堆温自然稍降后，将粪堆压实，在上面再疏松地堆加新鲜鸭粪一层，如此层层堆积至 1.5～2 米为止，用泥浆或塑料薄膜密封。为了可在肥堆中竖插或横插若干通气管，以使肥堆中有足够的氧。

③ 粪和垫草的含水率以 60％左右为好。

④ 密封后一般夏季 1 个月，冬季 2 个月后即腐熟为堆肥。

现代堆肥，原理与自然堆腐相同，只是采用设施和设备更好地提供了堆肥所需的各种条件，使腐熟更快、效果更好。堆肥设施和设备多种多样，有槽式发酵机、发酵塔、发酵滚筒等。

4. 粪便的生物能利用——生产沼气

鸭粪通过厌氧发酵等处理后产生沼气（主要是甲烷气体），沼气是一种可再生的燃料，可以为生产或生活提供清洁能源，甲烷燃烧产生的热能还可进行发电。将鸭粪和草或秸秆按一定比例混合进行发酵，或与其他家畜的粪便（如猪粪）混合发酵产生沼气。在沼气的生产过程中，可以消除粪臭、杀灭有害微生物、阻断寄生虫的生长周期，实现畜禽废物的无害化；沼液和沼渣中含有丰富的氮、磷、钾以及各种微量元素，还含有多种生物活性物质，是优质的有机肥料和土壤改良剂，沼渣还可用作饲料饲喂家畜以及养殖水生生物和蚯蚓等。以大型鸭场产生的高浓度有机废水和有机含量高的废弃物为原料，建立沼气发酵工程，得到清洁能源，发酵残留物可多级利用，可大大改善生态环境，是未来的发展趋势。

（1）沼气的性质 沼气是一种无色、略带臭味的混合气体，可以与氧混合进行燃烧，并产生大量热能，每立方米沼气的发热量为 20～27 兆焦。沼气的主要成分是一种简单的碳氢化合物，其中甲烷（CH_4）占总体积的 60％～75％，二氧化碳占 25％～40％，还含有少量的氧气、氢气、一氧化碳、硫化氢等气体。1 份甲烷与 2 份氧气混合燃烧，可产生大量热能，甲烷燃烧时最高温度可达 1400℃。空气中甲烷含量达 25％～30％时，对人、畜有一定麻醉作用。如在理想状态下，10 千克的干燥有机物能产生 3 米^3 的气体，这些气体能提供 3 小时的饮煮，3 小时照明。

（2）沼气产生的过程　甲烷的生产是一个复杂的过程，有若干种厌氧菌混合参与该反应过程。在发酵的初期，粪尿等含有的丰富有机物可被沼气池中的好气性微生物对之进行分解，在氧气不足的环境中，厌气性菌开始活动，其过程大体上分为两个阶段：第一阶段为成酸阶段，由成酸细菌将糖类、蛋白质等分解成短链脂肪酸（乙酸、乳酸、丙酸）、氨气和二氧化碳；第二阶段是沼气和二氧化碳的生成过程。大约有60%的碳素转为沼气，从水中冒出，积累到一定程度后产生压力，通过管道即可使用。

（3）粪便产生沼气的条件

① 无氧环境　可以建造四壁不透气的沼气池，上面加盖密封。

② 充足的有机物　需要有充足的有机物，以保证沼气菌等各种微生物正常生长和大量繁殖，一般认为每立方米发酵池容积，每天加入1.6～4.8千克固形物为适。

③ 适当的碳氮比　在发酵原料中，有机物碳氮比一般以25∶1时产气系数较高。在进料时须注意适当搭配、综合进料。

④ 适宜的温度　沼气菌的活动温度以35℃最活跃，此时产气快且多，发酵期约为1个月，如池温在15℃时，则产生沼气少而慢，发酵期约为1年，沼气菌生存温度范围为8～70℃。

⑤ 适宜的pH　沼气池保持在pH值为6.4～7.2时产气量最高，酸碱度可用pH值试纸测试。一般情况下发酵液可能过酸，可用石灰水或草木灰中和。

由以上产生沼气的条件可以看出，大规模甲烷生产要对发酵过程中的温度、pH值、湿度、振荡、发酵原料的输入及输出和平行等参数进行严格控制，才能获得最大的甲烷生产量。

（4）注意事项　发酵连续时间一般为10～20天，然后清除废料。在发酵时粪便应进行稀释，稀释不足会增加有害气体（如氨气等）或积聚有机酸而抑制发酵，过稀使耗水量增加并增大发酵池容积。通常发酵池干物质与水的比例以1∶10为宜。在发酵过程中，对发酵液进行搅拌，能大大促进发酵过程，增加能量回收率和缩短发酵时间，搅拌可连续或间歇进行。

（5）沼气发酵残渣的综合利用　鸭粪经沼气发酵，其残渣中约95%的寄生虫卵被杀死，钩端螺旋体、大肠杆菌全部或大部被杀死。同时残渣中还保留了大部分养分。

粪便中糖类分解成甲烷逸出，蛋白质虽经降解，但又重新合成微生物蛋白，使蛋白质含量增加，其中必需氨基酸也有所增加，如鸭粪在沼气发酵前蛋白质（占干物质百分比）为16.08%，蛋氨酸为0.104%，经发酵后前者为36.89%，后者为0.715%，使氨基酸营养更为平衡。畜粪经沼气发酵既回收了能量，减少疾病的传播，还可做饲料、肥料等进行多层次的利用。

沼气发酵残渣做反刍家畜饲料效果良好。也可直接做鱼的饵料，同时还可促进水中浮游生物的繁殖，增加鱼饵，使淡水养鱼增产25%～50%。发酵残渣还可做蚯蚓的饲料。

畜粪发酵分解后，约60%的碳素转变为沼气，而氮素损失很少，且转化为速效养分，肥效高。

（6）沼气利用的意义　目前，沼气的生产已发展为废弃物处理和生物质能多层次综合利用的产业，通过与养殖业、种植业广泛结合，对实现生态农业有重要作用。沼气的主要作用如下。

① 节能增效　家庭煮饭、点灯、洗澡，经济发达地区目前正在发展沼气发电工程技术。

② 农业增收　如沼液、沼渣是优质有机肥，可作农作物的基肥和追肥，沼液还可作根外追肥，生产无公害农产品。沼渣种菇、沼液养鱼技术效果明显，不仅可降低生产成本，还可以改善水果蔬菜农副产品的品质，提高市场竞争力，增加农民的经济收入。

③ 沼气是连接养殖和种植业的资源循环链条，是一种可再生循环利用、环境友好型的绿色能源，它与生产、生态紧密联系。将粪便沼气发酵从单纯的能源利用转入综合利用是解决环境污染，构建生态平衡，保持良性循环、可持续发展的农业生产体系的发展方向。

修建沼气池，将鸭粪便放入沼气池中，厌氧发酵产生沼气。沼气是清洁廉价的能源，沼渣、沼液是非常好的有机肥。

　　采用水冲清粪的鸭场鸭粪尿含水量极高，可以自流进入沼气池进行厌氧发酵，生产沼气。产生沼气后形成的上清液排放到鱼塘，使其营养成分被水生生物和鱼类利用。如果养鸭规模大，只让冲洗水进入沼气池，而干粪和垫草则通过堆肥用于农田。

　　在鸭粪水进入沼气池前可进行固液分离，可使用养鸭场专用粪便处理机对鸭粪进行脱水处理，固液分离速度快，经分离后的粪渣含水率为50%～60%。可解决鸭粪在沼气池中的沉淀问题，增强沼气池的处理能力；减小沼气池、生化池的建设面积，节省环保处理的建设投资和土地使用面积。

第四节　鸭场污水的处理技术

　　鸭场的污水主要是鸭舍冲洗废水和设备冲洗水，污水不能任其排放。一般须先经物理处理（机械处理），再进行生物处理后排放或循环使用。物理处理是使用沉淀、分离等方法，将污水中的固形物分离出来，固形物能成堆放置，便于贮存，可作堆肥处理。液体中有机物含量较低时，可用于灌溉农田或排入鱼塘；有机物含量仍很高时，应再进行生物处理。生物处理是将污水输入氧化池、生物塘等，利用污水中微生物的作用，通过需氧或厌氧发酵来分解其中的有机物，使水质达到排放要求。

一、物理处理技术

　　物理处理法是通过物理作用，分离回收水中不溶解的悬浮状污染物质，达到固液分离的目的，主要包括重力沉淀、离心沉淀、过滤等方法。

　　过滤、沉淀等固液分离技术的实现是通过采用相应的设备处理以达到浓缩、脱水目的。畜禽养殖业多采用筛滤、过滤和沉淀等固液分离技术进行污水的一级处理，常用的设备有沉淀池、固液分离机等。

1. 沉淀池

沉淀法利用污水中部分悬浮固体的密度大于 1 的原理，使其在重力作用下自然下沉，实现与污水分离的目的。沉淀法可将粪水中的大部分固形物除去是一种净化污水的有效手段。

污水中的固形物一船只占 1/5～1/6，将这些固形物分出后，一般能成堆，便于贮存，可作堆肥处理。施于农田，无难闻的气味，剩下的稀薄液体，水泵易于抽送，也可延长水泵的使用年限。

液体中的有机物含量下降，可用于灌溉农田或排入鱼塘。如粪水中有机物含量仍高，有条件时，可再进行生物处理，经沉淀后澄清的水减轻了生物降解的负担，便于下一步处理。沉淀一段时间后，在沉淀池的底部，会有一些直径小于 10 微米的较细小的固形颗粒沉降而成淤泥。这些淤泥无法过筛，可以用沥水柜再沥去一部分水。沥水柜底部的孔径为 50 毫米的焊接金属网，上面铺以草捆，淤泥在此柜沥干需 1～2 周，剩下的固形物也可以堆起，便于贮存和运输。

沉淀池是畜禽污水处理中应用最广的设施之一，一般畜禽养殖场在固液分离机前会串联多个沉淀池，通过重力沉降和过滤作用对粪水进行固液分离。为减少成本，可由养殖场自行建设多级沉淀、隔渣设施，最大限度地去除污水中的固体物质，这种方式简单易行，设施维护简便。

2. 固液分离机

使用固液分离机将粪便固形物与液体分离，对分离机的要求是：粪水可直接流入进料口，筛孔不易堵塞，省电，管理简便，易于维修，能长期正常运转。

二、生物处理技术

1. 厌氧处理

畜禽场污水可生物降解性强，因此，可以采用厌氧技术（设施）对污水进行厌氧发酵，不仅可以将污水中的不溶性的大分子有机物变为可溶性的小分子有机物，为后续处理技术提供重要的前提；而且在厌氧处理过程中，微生物所需营养成分减少，可杀死寄生虫及杀死或抑制各种病原菌；通过厌氧发酵，还可产生有用的沼气，开发生物能源。但厌氧发酵处理也存在缺点，由于规模化畜禽场排放出污水量大，在建造厌氧发酵池和配套设备投资大；处理后污水的氨、氮含量仍然很高，需要其他处理工艺；厌氧产生沼气并利用其作为燃料、照明时，稳定性受气温变化的影响。

2. 有氧处理

有氧处理是利用污水中微生物的作用来分解其中的有机物，使水质达到排放要求。净化污水的微生物大多数是细菌，还有真菌、藻类，原生动物，多细胞动物如轮虫、线虫、甲壳虫等。高浓度的有机废水必须先行酸化水解厌氧处理之后方可进行好氧或其他处理。

根据处理过程中，好氧生物处理方法有天然好氧生物处理法和人工好氧处理法。天然条件下好氧处理法一般不设人工曝气装置，主要利用自然生态系统的自净能力进行污水净化，如河流、水库、湖泊等天然水体和土地处理。人工条件下的好氧处理方法采取向装有好氧微生物的容器或构筑物不断供给充足氧的条件下，利用好氧微生物来净化污水。该方法主要有活性污泥法、氧化沟法、生物转盘法和生物膜法等。

（1）氧化塘　氧化塘又叫稳定塘，指污水中的污染物在池塘处理过程中反应速率和去除效果达到稳定的水平。氧化塘可以是天然的或经过一定人工修整的有机污水处理池塘。稳定塘是粪液的一种简单易行的生物处理方法，可用于各种规模的畜牧场。稳定塘可以分为兼性塘、厌氧塘、好氧高效塘、曝气塘等。去污原理是污水或废水进入塘内后，在细菌、藻类等多种生物的作用下发生物质转化反应，如分解反应、硝化反应和光合反应等，达到降低有机污染成分的目的。稳定塘的深度从十几厘米至数米，水力停留时间一般不超过 2 个月，能较好地去除有机污染成分。通常将数个稳定塘结合起来使用，作为污水的一、二级处理。

氧化塘处理污水、废水技术难度低、操作简便、维持运行费用少，可利用天然湖泊、池塘、机械设备的耗能少，有利于废水综合利用。但占地面积大，也受气温、光照等的影响，管理不当可滋生蚊蝇，散发臭味而污染环境。

在塘内播种水生高等植物，同样也能达到净化污水或废水的能力。这种塘称为水生植物塘。常用的水生植物有水葫芦、灯芯草等。

近年来，氧化塘技术在畜牧业废水处理中被广泛地应用，根据畜禽场污水氮高、磷高、溶解氧低的特点，可采用比前面三个环节占地更大的氧化塘，如水生植物塘、鱼塘。

浮水植物净化塘是目前研究的应用最广泛的水生植物净化系统，经常作为畜禽粪污水厌氧消化排出液的接纳塘，或是"厌氧＋好氧"处理出水的接纳塘，其中最常用的浮水植物是水葫芦，其次是水浮莲和水花生。鱼塘是畜禽场最常用的氧化塘处理系统，通常也是畜禽场污水处理工艺的最后一个环节，它不仅简单、经济、实用，而且有一定经济回报，在我国南方地区应用非常普遍。

（2）活性污泥法 由细菌、真菌、原生动物和其他微生物与吸附的有机物、无机物组成的絮凝体称活性污泥。其表面有一层黏质层，对污水中的悬浮态和胶态有机颗粒有强烈的吸附和絮凝作用。活性污泥法是指在人工湿地上模仿自然生态系统中的湿地，经人为设计、建造的，在处理床上种有水生植物或湿生植物的用于处理污水的一种工艺。通过人工湿地的处理床、湿地植物以及微生物及其三者的相互作用，不仅可以去除污水中的大部分悬浮物和部分有机物，而且对畜禽场污水中氮、磷、重金属、病原体的去除有良好效果，并具有运行维护方便等优点。

水中加入活性污泥，经均匀混合、曝气，使污水中的有机物质被活性污泥吸附和氧化。一般需建初级沉淀池、曝气池和二级沉淀池。可采用表面曝气沉淀池，把沉淀池的曝气区和沉淀区合建在一个构筑物内，设在曝气区表面的叶轮剧烈转动翻动水面时，使空气充入水中。该法设备简单、占地少、造价低、充氧率高，不需污泥回流设备。

第七章

生态养鸭疾病防控技术

第一节　生态养鸭综合防疫体系的建立

在鸭病防治工作中，必须坚持"预防为主、养防结合、防重于治"的原则，搞好鸭场的饲养管理、消毒、免疫接种、合理用药防治等综合性防治措施。

一、生态养鸭疫病的综合防治

1. 做好鸭场隔离饲养

为防止传染病的发生，鸭场要做到严格隔离饲养，防止一切病原传到鸭场。要求鸭场要建在地势较高、开阔平坦、排水方便、水质良好、远离市区、居民区，远离屠宰场、工厂、畜产品加工厂。鸭场禁止外人参观，鸭场门口、生产区入口建消毒池，进场车辆要进行消毒。生产区门口建更衣消毒室和淋浴室，进入生产区人员要淋浴、更衣、换鞋。不从疫区购买饲料，不使用发霉变质饲料，到正规、信誉好的种鸭场订购雏鸭，注意防鼠、防蚊蝇、防兽害。从根本上杜绝一切病原进入鸭场。

2. 搞好鸭场、鸭舍环境卫生

经常对鸭只活动场地进行清扫、消毒，在饲养结束时可对林地进行深翻。保持适宜的鸭舍温度、湿度、风速，减少鸭舍有害气体和病原微生物的含量，给鸭提供良好的环境，保证鸭只健康。鸭场内设净道和污道。不能乱扔死鸭，要进行深埋或焚烧，鸭舍清理的粪便要及时运走，进行发酵或烘干处理。

3. 加强饲养管理，提高鸭体体质，增强鸭群抵抗力

在饲养方面，满足鸭的营养需要，根据鸭的不同品种、不同生长发育阶段、不同季节，对营养成分的不同要求，相应调整饲料的营养水平。对鸭进行转群、免疫时，鸭群会发生应激反应，可通过饮水或饲料中添加维生素 K、维生素 A、维生素 C 等，减轻对鸭的影响。

4. 坚持做好消毒工作

消毒是防止传染病发生的最重要环节，也是做好各种疫病免疫的基础和前提。消毒工作一定要制度化、经常化。

5. 做好免疫工作

免疫是防止传染病发生的重要手段，生态养鸭必须根据鹅场疫病的发生情况认真做好各项疫病免疫工作。

6. 有计划地用药物预防疾病发生

要有计划地在一定日龄对鸭群进行预防性投药，减少或防止疾病的发生。一旦发生病情，要及时诊断和采取有效措施，控制和扑灭疫病。

二、生态养鸭的消毒技术

消毒是防止传染病发生的最重要环节，也是做好各种疫病免疫的基础和前提。消毒工作一定要制度化、经常化。

消毒是鸭场防止传染病发生的最重要环节，也是做好各种疫病免疫的基础和前提。消毒的目的是消灭被病原微生物污染的场内环境、鸭体表面及设备器具上的病原体、切断传播途径，防止疾病的发生或蔓延。

1. 常用消毒剂

（1）福尔马林（甲醛溶液）　为无色带有刺激性和挥发性的液体，内含 40%的甲醛，杀菌力强，1%～1.25%的福尔马林溶液在

6～12 小时能杀死细菌、芽孢及病毒，主要用于鸭舍、仓库、孵化室及设备消毒，还可用于雏鸭种蛋的消毒。

生产中多用福尔马林与高锰酸钾按一定比例混合进行熏蒸消毒。鸭舍、孵化室熏蒸消毒用药量：每立方米房舍空间需福尔马林 15～45 毫升、高锰酸钾 7.5～22.5 克，根据房舍污染程度和用途不同，使用不同的药量。用药时，福尔马林毫升数与高锰酸钾克数比例为 2：1，以保证反应完全。鸭舍和设备在熏蒸消毒前要清洗干净，消毒时先密闭房舍，然后把福尔马林倒入容器内（容器的容量为福尔马林的 10 倍以上），再放入高锰酸钾，两种药品混合后马上反应而产生烟雾。消毒时间为 12 小时以上，消毒结束后打开门窗。熏蒸消毒时须有较高的气温和湿度，一般室内温度不低于 20℃，相对湿度为 60%～80%。

（2）氢氧化钠（火碱） 市售火碱含 94% 氢氧化钠。为白色固体，在空气中易潮解，有强烈腐蚀性。本品杀菌、杀病毒作用较强，常用于病毒性感染（如新城疫病）和细菌性感染（如禽霍乱）的消毒，对寄生虫有杀灭作用。2%～5% 水溶液用于鸭舍、器具和运输车辆消毒。

（3）生石灰 为白色或灰色块状物，主要成分是氧化钙。加水后放出大量热，变成氢氧化钙，以氢氧根离子起杀菌作用，钙离子也能使细菌蛋白变质。生石灰加水制成 10%～20% 乳剂用于鸭舍墙壁，运动场地面消毒，生石灰可在鸭舍地面撒布消毒，消毒作用可持续 6 小时。

（4）漂白粉 干粉或混悬液 5% 的漂白粉液用于鸭舍地面，排泄物消毒，临用时配制，不能用于金属用具消毒。

（5）过氧乙酸溶液 无色透明溶液，呈弱酸性，易挥发，有刺激性气味，并带有醋酸味。杀菌作用快而强，抗菌谱广，对细菌、病毒、霉菌和芽孢均有效。0.04%～0.2% 水溶液用于耐酸用具的浸泡消毒；0.1%～0.5% 溶液用于畜禽体、鸭舍地面、用具消毒，也可用于密闭鸭舍的熏蒸消毒，每立方米空间用 20% 过氧乙酸溶液 5～15 毫升，稀释成 3%～5% 溶液，加热熏蒸，密闭门窗 1～2

小时。

（6）季铵碘（碘伏）溶液 为碘制剂，无刺激性，1∶900稀释，用于金属器具、车辆、环境、鸭喷雾等的消毒。

（7）次氯酸钠 含氯制剂，用于舍内器具、食槽、水槽消毒，也用于饮水消毒及带鸭喷雾消毒。

（8）百毒杀 双链季铵盐化合物，为暗棕色液体，可溶于水。对各种病毒、细菌具有较强的杀灭和抑制作用，可用于环境、鸭舍及用具、水槽、食槽以及饮水消毒、带鸭喷雾消毒。

（9）高锰酸钾溶液 为暗紫色结晶，易溶于水。杀菌能力较强，能凝固蛋白质和破坏菌体的代谢过程。生产中常利用高锰酸钾的氧化性能来加速福尔马林蒸发而进行空气消毒。$0.05\%\sim0.1\%$溶液用于鸭饮水消毒；$0.2\%\sim0.5\%$的水溶液用于种蛋浸泡消毒；$2\%\sim5\%$的水溶液用于饲养用具的洗涤消毒。

（10）酒精 70%酒精常用于注射部位、术部、皮肤的涂擦消毒和外科器械的浸泡消毒。

（11）碘酊 为碘与酒精混合配制的溶液，常用的有3%和5%两种。杀菌力强，能杀死细菌、病毒、霉菌、芽孢等。常用于注射部位、术部、皮肤、器械的涂擦消毒。

2. 鸭场消毒制度

（1）人员消毒 饲养人员进入生产区和鸭舍要经过洗澡、更衣、紫外线消毒。进入养殖场区的人员，必须在场门口更换靴鞋，并在消毒池内进行消毒。有条件的鸭场，可在生产区入口设置消毒室，在消毒室内洗澡、更换衣物，穿戴清洁消毒好的工作服、帽和靴经消毒后进入生产区。工作服、鞋、帽定期洗刷消毒。饲养人员在接触鸭群、饲料、种蛋等之前，必须洗手，并用1∶1000的新洁尔灭溶液浸泡消毒$3\sim5$分钟。鸭场谢绝外来人员参观，必须进入生产区时，要洗澡，更换工作服和工作鞋，并遵守场内防疫制度。

（2）环境消毒 鸭舍周围环境每$1\sim2$周用2%火碱消毒或撒消石灰1次，鸭场周围及场内污水池、排粪坑、下水道出口，每月用漂白粉消毒1次。在场门口、鸭舍入口设消毒池，使用2%火碱或5％来苏儿溶液，并注意定期更接消毒液。车辆进入鸭场应通过消毒池，并用消毒液对车身进行喷洒消毒。

（3）鸭舍消毒　在进鸭或转群前，将鸭舍彻底清扫干净，应采用0.1％的新洁尔灭或4％来苏儿或0.3％过氧乙酸或次氯酸钠等消毒剂进行全面喷洒消毒。鸭舍每周常规消毒2次以上，注意选用不同类型的消毒剂，交替使用。每批鸭出栏后，要彻底清扫干净，用高压水枪冲洗，然后进行喷雾消毒或熏蒸消毒。

（4）带鸭消毒　鸭场应定期进行带鸭消毒，防止细菌、病毒等的繁殖，防止呼吸道等各种疾病的发生。在带鸭消毒时，宜选择刺激性相对较小的消毒剂，常用于带鸭消毒的消毒药有0.2％过氧乙酸、0.1％新洁尔灭、0.1％次氯酸钠等。场内无疫情时，每隔2周带鸭消毒1次。有疫情时，每隔1～2天消毒1次。

（5）用具消毒　对料槽、饮水器等进行定期消毒，一般先将用具冲洗干净后，可用0.1％新洁尔灭或0.2％～0.5％过氧乙酸消毒。

（6）粪便的消毒　患传染病和寄生虫病鸭粪便的消毒方法有多种，如焚烧法、药品消毒法、掩埋法和生物热消毒法等。

（7）地面土壤的消毒　被病鸭的排泄物和分泌物污染的地面土壤，可用5％～10％漂白液、百毒杀或10％氢氧化钠溶液消毒。

三、免疫接种技术

免疫是指用疫苗或菌苗对鸭群进行接种，使鸭群对某种疾病产生特异抵抗力。免疫接种是防止传染病发生的重要手段，生态养鸭必须认真做好各种疫病的免疫接种。

1. 免疫程序的制订

建立科学合理的免疫程序，有计划地对鸭群进行免疫接种是预防和控制鸭传染病的重要措施。免疫程序是指从雏鸭孵出开始到出售或淘汰为止，在整个生长过程中，对危害鸭的主要传染病的免疫接种定出计划。制订合理的免疫程序，要根据当地疫病流行情况，结合母源抗体的情况，选择合理的疫苗、接种方法、剂量，确定各种疫苗接种的时间、次数、间隔时间等，以达到最佳的免疫效果。制订免疫程序，要根据本场实际情况，不要盲目照搬别的养鸭场（户）的程序。同时在执行过程中还要根据场内鸭群的变化和场周围疫病流行情况进行一定调整，增减免疫的种类或次数。

2. 预防接种

预防接种是为了预防某些传染病的发生和流行，在平时有计划地使用疫苗、菌苗按免疫程序给健康鸭群进行的免疫接种。

（1）预防接种方法　接种方法可分皮下注射、肌内注射、饮水、点眼、滴鼻、皮肤刺种、喷雾吸入等。接种后经一定时间（数天至3周），可获得半年至以上的免疫力。应根据疫苗的种类、鸭的日龄及免疫目的选择适当的方法，一般应以疫苗的说明书为准。

① 滴鼻点眼法　是弱毒疫苗从黏膜或呼吸道进入体内的接种方法，可避免疫苗病毒被母源抗体中和。由于是逐只鸭免疫，免疫效果确切。雏鸭早期的活毒疫苗常用此方法。

接种前将疫苗按稀释于灭菌生理盐水中，充分摇匀。滴鼻点眼时可用滴管或5毫升注射器（将针尖磨秃）。为保证配制稀释液的准确，可先试1毫升有多少滴，再计算稀释液的用量。接种时按规定程序将疫苗溶于稀释液中充分摇匀后，在每只鸭的一侧眼结膜或鼻孔上滴1滴，也可把加倍稀释的同一疫苗在每只鸭的一侧眼和鼻孔上各滴1滴。滴鼻时注意将雏鸭另一侧鼻孔用手指堵住，加速疫苗滴入；并注意等疫苗液完全吸入后才放开雏鸭。点眼时，握住鸭的头部，面朝上，将一滴疫苗滴入面朝上的眼皮内，不让其流掉。注意必须保证疫苗确已滴入眼内或鼻孔内，才能将鸭放走。稀释后的疫苗应在1~2小时内尽快用完，最好在早上或晚上天气阴凉时进行接种。

② 注射法　分皮下注射法和肌内注射法。

皮下注射的部位一般在鸭颈背中部或低下处远离头部。用大拇指和食物捏住颈中线的皮肤并向上提起，使其形成一囊，注意一定捏住皮肤，而不能只捏住羽毛，确保针头插入皮下，以防疫苗注射到体外。

肌内注射以翅膀靠肩部无毛处胸部肌肉为好，应斜向前方进针，以防插入肝脏或胸腔引起事故；也可在腿部注射，以鸭大腿内侧无血管处为最佳。注射疫苗时注意：注射器、针头及稀释用具在用前应严格消毒；连续注射器在使用前应校正确保剂量准确；在接种过程中应不时摇动疫苗瓶，使疫苗混合均匀；接种前应将疫苗自然平衡到室温，以减少对鸭只的刺激。

③ 饮水免疫法　本法为活毒疫苗的常用方法之一。将弱毒疫苗混入水中进行免疫接种，此法应用方便，安全性好。

在饮水免疫前，应将饮水用具彻底清洗干净，不能使用消毒剂和洗涤剂。饮水器不能用金属制品，最好用瓷器或塑料制品。稀释疫苗应用清凉的蒸馏水或煮沸放冷的深井水或凉开水；水中不能含有重金属离子和消毒剂。为了延长疫苗的活性，可在饮水中加入1％～5％脱脂奶粉，充分溶解并搅拌均匀。饮水免疫前应停水2～4 小时，以让鸭群能尽快、同时饮入疫苗。饮水免疫前后两天（共5 天）内，饲料中不得添加抗病毒（或细菌）的药物和消毒剂。饮水免疫前应按鸭群数量、日龄大小增加饮水器的数量，让80％～90％的鸭能同时喝到足够的水。稀释疫苗的水量要适宜，疫苗稀释液应在1～2 小时内饮用完，但不能少于1 小时。

④ 翅内刺种法　将疫苗用生理盐水稀释，充分摇匀，用接种针或洁净的钢笔尖蘸取疫苗，展开鸭的翅膀，用接种针在鸭的翼膜无血管处穿刺，每只鸭刺种两针。适用于鸭痘疫苗的接种。刺种疫苗3 天后要检查刺种部位，若有小肿块或红斑则表明免疫成功，否则需要重新接种。

⑤ 气雾免疫法　将活毒疫苗按喷雾规定稀释，用适当粒度（30～50 微米）的喷雾器在鸭群上方喷雾。在短时间内，可使大群鸭吸入疫苗获得免疫。气雾免疫时应关闭所有门窗和通风系统，免疫后大约15 分钟，重新打开。喷雾时最好选用专用的喷雾器，雾滴不宜过大或过细；喷雾时喷雾器的喷头在鸭群上方0.5 米左右，让鸭自然吸入飘浮在空气中的雾滴。可在气雾免疫前后几天内使用广谱抗菌药和加大复合维生素的用量以减轻气雾免疫引起的应激反

应。有慢性呼吸道疾病的鸭场不可用该法，否则易引起严重的呼吸道不良反应。

（2）免疫接种注意事项

① 制订合适的免疫程序　对当地曾发生过的疾病的流行情况进行调查了解，按实际情况制订预防接种计划，确定免疫制剂的种类和接种时间，并按所制订的免疫程序进行免疫，做到只只免疫。

② 接种前应做好准备工作　接种前检查鸭的健康状况，体质健康或饲养管理条件较好的鸭，接种后能够产生较强的免疫力；而体质弱的、有慢性病或饲养管理条件不好的鸭只，接种后产生的免疫力就差些，也可能引起较明显的接种反应。对弱小鸭在免疫接种前要加强饲养管理，促进体质恢复，以增强免疫接种效果。

③ 注意预防接种的反应　给鸭预防接种后，要注意观察被接种的局部或全身反应（接种反应）。局部反应是接种局部出现典型的炎症变化（红、肿、热、痛）；全身反应则呈现体温升高、精神不振、食欲减少、产蛋量减少等。这些反应一般属于正常现象，只要给予适当的休息和加强饲养管理，几天后就可以恢复。如果反应严重，应进行适当的对症治疗。

3. 紧急接种

紧急接种是在发生传染病时，为了迅速控制和扑灭疫病的流行，而对疫区和受威胁区尚未发病的鸭进行的应急性免疫接种。紧急接种从理论上讲应使用免疫血清，2周后再接种疫（菌）苗，较为安全有效。但因免疫血清量大、价格高、免疫期短，且在大批动物急需接种时常供不应求，因此在防疫中很少应用，有时只用于种鸭场等。实践证明，在疫区和受威胁区有计划地使用某些疫（菌）苗进行紧急接种是可行而有效的。在疫区用疫（菌）苗进行紧急接种时，必须对所有受到传染病威胁的鸭群逐只地进行详细的检查，只能对正常无病的鸭进行紧急接种，对病鸭及可能已受感染的潜伏期的病鸭，不能接种疫（菌）苗，应立即隔离或淘汰，不宜接种疫苗。

紧急接种是鸭病综合防制措施的一个重要环节，必须与其中的封锁、检疫、隔离、消毒等环节密切配合，才能取得较好的效果。

4. 疫苗选购及使用注意事项

（1）购买有国家批准文号的正式厂家的疫苗　疫苗使用前要仔细检查，如发现疫苗没有标签、疫苗生产时间过期、疫苗色泽有变化、发生沉淀、发霉、玻璃瓶破裂等情况都不能使用。使用后的玻璃瓶等包装不得乱丢，应消毒或深埋。

（2）妥善保存和运输　一般要求疫苗应冷藏保存、运输。疫苗应保存在低温、避光及干燥的场所。灭活疫苗、免疫血清等应保存在 2～10℃ 环境中，防止冻结。弱毒疫苗一般都在 0℃ 以下保存，温度越低，疫苗保存效果越好。疫苗在保存期温度应保持稳定，避免反复冻融。运输途中要避免高温和日光直接照射，尽快到达保存地点或预防接种地点。

（3）疫苗的稀释配制　疫苗稀释时须避光、无菌操作。稀释液应用灭菌的蒸馏水、生理盐水或专用的稀释液。稀释时绝对不能用热水，疫苗稀释后要避免高温及阳光直接照射。活菌疫苗稀释时稀释液中不得含有抗生素。疫苗接种所用注射器、针头、瓶子等必须严格消毒。

（4）使用　严格按照疫苗使用说明书进行疫苗接种。稀释倍数、接种剂量、部位按照说明进行。疫苗应现配现用。接种疫苗的鸭群必须健康，才能取得预期的免疫效果。

5. 免疫程序

（1）肉鸭免疫程序　见表 7-1。

表 7-1　肉鸭免疫程序

日龄	疫苗	方法
3～5	鸭病毒性肝炎高免血清/卵黄抗体	肌内注射
7～10	H_5N_1 亚型禽流感灭活疫苗	颈部皮下或胸部肌内注射
11～13	发生疫情或受威胁时,鸭病毒性肝炎高免血清/卵黄抗体	肌内注射
20～25	鸭瘟活疫苗	肌内注射
30～35	H_5N_1 亚型禽流感灭活疫苗	颈部皮下或胸部肌内注射

（2）种鸭、蛋鸭免疫程序　见表 7-2。

表 7-2　种鸭、蛋鸭免疫程序

日龄	疫苗	方法	备注
3～5	鸭病毒性肝炎疫苗或高免血清/卵黄抗体	肌内注射	
7～10	H_5N_1 亚型禽流感灭活疫苗	颈部皮下或胸部肌内注射	
11～13	鸭病毒性肝炎高免血清/卵黄抗体	肌内注射	发生疫情或受威胁时进行
20～25	鸭瘟活疫苗	肌内注射	
30～35	H_5N_1 亚型禽流感灭活疫苗	颈部皮下或胸部肌内注射	
开产前半月	鸭病毒性肝炎疫苗 鸭瘟弱毒疫苗 H_5N_1 亚型禽流感灭活疫苗	皮下或肌内注射	种鸭需注射鸭病毒性肝炎疫苗,蛋鸭不用注射鸭病毒性肝炎疫苗
开产后4.5～6 月	鸭病毒性肝炎疫苗 鸭瘟弱毒疫苗 H_5N_1 亚型禽流感灭活疫苗	皮下或肌内注射	种鸭需注射鸭病毒性肝炎疫苗,蛋鸭不用注射鸭病毒性肝炎疫苗
休蛋期	鸭病毒性肝炎疫苗 鸭瘟弱毒疫苗 H_5N_1 亚型禽流感灭活疫苗	皮下或肌内注射	种鸭需注射鸭病毒性肝炎疫苗,蛋鸭不用注射鸭病毒性肝炎疫苗

四、定期驱虫

鸭场应定期用药物进行驱虫，减轻寄生虫病的危害。尤其鸭在林地、果园放养，采食青草、树叶、昆虫等，鸭群容易感染体内外寄生虫。驱虫时应选择广谱、高效、低毒、使用方便的药物。同时要根据驱虫对象选择合适的药物，在使用时一定要正确掌握剂量和投药次数，防止用药不当而发生中毒。驱除鸭的体内寄生虫，一般在肥育的或产蛋前进行。驱除鸭体表寄生虫，最好在热天换羽时进行。驱虫的同时，要对鸭舍、垫草等也同时进行药物喷洒，以消灭隐藏在这些地方的寄生虫，并随即将垫草、粪便等进行堆肥处理。

第二节 生态养鸭合理用药

一、生态养鸭的用药要求

（1）坚持"预防为主，防治结合"的原则，在各个环节认真做好日常消毒、疫苗接种和药物预防等工作。

（2）正确诊断，对症治疗，选择疗效高、副作用小、安全廉价的药物，避免盲目滥用。

（3）正确掌握药物剂量和疗程，根据药物的理化性质、毒副作用及鸭的病情正确选择用量和疗程。

（4）不使用禁用药物，严格遵守药物的停药期。进行预防、治疗和诊断禽疾病所用的兽药均应来自具有兽药生产许可证、并获得农业部颁发的中华人民共和国《兽药 GMP 证书》的兽药生产企业，或农业部批注注册进口的兽药，其质量均应符合相关的兽药国家质量标准。优先使用绿色食品允许使用的抗寄生和抗菌化学药品和抗生素。

（5）做好兽药使用记录，用药记录至少应包括：用药的名称（商品名和通用名）、剂型、剂量、给药途径、疗程，药物的生产企业、产品的批准文号、生产日期、批号等。使用兽药的单位或个人均应建立用药记录档案，并保存 1 年（含 1 年）以上。应对兽药的治疗效果、不良反应做观察记录；发现可能与兽药使用有关的严重不良反应时，应当立即向所在地人民政府兽医行政管理部门报告。农业部公布的食品动物禁用兽药及其他化合物清单。见表 7-3。

表 7-3　农业部公布的食品动物禁用兽药及其他化合物清单

序号	兽药及其他化合物名称	禁止用途	禁用动物
1	β-兴奋剂类:克仑特罗、沙丁胺醇、西马特罗及其盐、酯及制剂	所有用途	所有食品动物

序号	兽药及其他化合物名称	禁止用途	禁用动物
2	性激素类:己烯雌酚及其盐、酯及制剂	所有用途	所有食品动物
3	具有雌激素样作用的物质:玉米赤霉醇、去甲雄三烯醇酮、醋酸甲孕酮及制剂	所有用途	所有食品动物
4	氯霉素及其盐、酯(包括琥珀氯霉素)制剂	所有用途	所有食品动物
5	氨苯砜及制剂	所有用途	所有食品动物
6	硝基呋喃类:呋喃唑酮、呋喃它酮、呋喃苯烯酸钠及制剂	所有用途	所有食品动物
7	硝基化合物:硝基酚钠、硝呋烯腙及制剂	所有用途	所有食品动物
8	催眠、镇静类:安眠酮及制剂	所有用途	所有食品动物
9	林丹(丙体六六六)	杀虫剂	水生食品动物
10	毒杀芬(氯化烯)	杀虫剂、清塘剂	水生食品动物
11	呋喃丹(克百威)	杀虫剂	水生食品动物
12	杀虫脒(克死螨)	杀虫剂	水生食品动物
13	双甲脒	杀虫剂	水生食品动物
14	酒石酸锑钾	杀虫剂	水生食品动物
15	锥虫胂胺	杀虫剂	水生食品动物
16	孔雀石绿	抗菌、杀虫剂	水生食品动物
17	五氯酚酸钠	杀螺剂	水生食品动物
18	各种汞制剂,包括氯化亚汞(甘汞)、硝酸亚汞、醋酸汞、吡啶基醋酸汞	杀虫剂	动物
19	性激素类:甲基睾丸酮、丙酸睾酮、苯丙酸诺龙、苯甲酸雌二醇及其盐、酯及制剂	促生长	所有食品动物
20	催眠、镇静类:氯丙嗪、地西泮(安定)及其盐、酯及制剂	促生长	所有食品动物
21	硝基咪唑类:甲硝唑、地美硝唑及其盐、酯及制剂	促生长	所有食品动物

二、鸭的用药方法

不同的给药途径不仅影响药物吸收的速度和数量,与药理作用的快慢和强弱有关。

1. 混饲拌药

将药物均匀地混入饲料中，让鸭采食饲料的同时食入药物的方法，是最常用的给药方法之一。适用于对鸭群整体用药、药物不溶于水及溶水后适口性差的药物。

注意准确掌握用药剂量。根据已确定的混饲浓度和混料量，计算所需药量，准确称量。按鸭的每千克体重给药时，应严格按照鸭的体重，计算出总药量，按要求把药物拌进鸭群每天所需采食的饲料。

使药物与饲料混合均匀。通常采用分级混合法，先将全部剂量的药物加到少量饲料中，充分混合后再加到一定量饲料中，充分混匀，再拌入所需的全部饲料中，逐级混匀。对于安全范围较小和用药量少的药物如喹乙醇、马杜拉霉素等药物，在使用时一定要注意混匀使用。

要注意所添加的药物是否与饲料中的药物及成分有拮抗或协同、增强作用，如添加氨丙啉会抑制维生素 B_1 的吸收。

粉料容易拌匀，颗粒料不易造成药物分布不均，引起鸭群药物中毒。如治疗鸭球虫病的药物，如马杜霉素混入不匀就会发生中毒死亡，一般不主张通过颗粒饲料给药。

2. 饮水给药

可用于预防或治疗鸭病，适用于水溶性的药物的短期投药、紧急治疗、因病不能采食但还能饮水的鸭。

注意事项：注意掌握好用药剂量和鸭的饮水量。饮水给药时应该准确掌握药物的剂量。在一定范围内，药物的剂量越大，作用愈强。对安全范围广的药物，如青霉素类、喹诺酮类药物用的剂量可以大一些，但不能超过允许剂量。安全范围窄，毒性大的如呋喃类、聚醚类，用的剂量可以小一些，否则容易引起中毒。按照用药量将药物先用少量水将药物全部溶解后再混入全部饮水。也可分次喂药，一般不易被破坏的药物可按 $2\sim3$ 次/天用药。根据鸭的数量、体重计算出每次所需要的药量，然后分次加入水中。注意保证绝大部分鸭在一定时间内都喝到饮水，按照每只鸭 1 次的饮水量，确定全群给水量。

用药前，鸭群适当停水 1～3 小时，再供给加入药物的饮水，让鸭在一定时间内饮入充足的药液。一般在水中稳定性差的药物如青霉素、高锰酸钾，可减少配制的药液量，让鸭在较短时间饮完，并准备足够量的饮水器。饮水量与鸭的日龄、饲养季节、环境温度等因素有关，温度低时鸭的饮水量较少，药液的配制量应少些，相反，配制量应多些。正常温度下鸭的饮水量与喂料量的比例约为 2∶1。同时保证用药疗程，才能起到较好的效果。一般用药 3～5 天为一个疗程，不要病情好转就停药，否则容易导致疾病复发。

饮水给药，要使用水溶性的药物。在水中溶解度较低的药物，可通过适当加热、搅拌使其充分溶解后再做饮水治疗，否则达不到疗效，且容易引起中毒。

3. 注射用药

肌注给药是将药液注射到肌肉组织中。药物不经肠道就直接进入血液，吸收速度快，适用于个体紧急治疗。注射部位一般在鸭体的翼根内侧肌肉、胸部和腿部外侧肌肉，以胸部肌肉为常用注射部位。肌注时动作要轻，要认真仔细，注射器具要严格消毒，最好一只鸭一个针头。

4. 气雾给药

鸭群通过呼吸道吸入的一种给药方式。由于鸭肺泡面积很大，有丰富的毛细血管，此法给药，药物吸收快，药效出现迅速。

5. 口服用药

口服用药适用于个别病鸭的用药和群体规模较小的鸭。剂量准确、节约药费、疗效确切。将片剂、丸剂、粉剂或溶液直接放入（滴入）病鸭口腔引起吞咽。对片剂、丸剂、粉剂，用左手食指伸入鸭舌基部将舌拉出，同时用拇指配合固定在下颚上，用右手将药物投入。对液体药液，用左手拇指和食指抓住冠部和头部皮肤，使向后倒，当喙张开时，用右手将药液滴入，令其咽下。也可将连接注射器的胶管插入食道后注入药液。

6. 食管膨大部注射

多用于鸭张口困难而又急需给药的水剂。用注射器吸取药物，用酒精棉球消毒注射部位，将针头扎入食管膨大部，把药液注入，拔出针头，再用酒精棉球消毒注射部位。

三、药物的选择及用药注意事项

1. 对症下药

鸭有异常表现时，应及时进行化验、诊断，查明病因，对症用药。每一种药物都有适应症范围，用药时一定要对症下药，切忌盲目用药，否则达不到治疗疾病的效果，而且还会延误病情，加重症状。

2. 选用正确的给药方法

同一种药物，同一剂量，使用不同的给药方法，产生的药效不尽相同。用药时须根据病情、用药目的和药物本身的性质确定最佳的给药方法。如危重病例可采用静脉注射或肌注给药，治疗肠道感染，要经口投服。

3. 注意剂量、给药次数和用药疗程

必须按照药物使用说明准确使用药物剂量、用药次数和用药疗程。在计算、称量药物时，一定要准确，剂量过小，起不到治疗作用，剂量过大，造成浪费，有时还会引起药物中毒。为维持药物在体内的有效浓度，保证疗效，必须重复给药。疗程的长短应根据病情而定，多数药物一天给药2～3次，连用3～5天为一个疗程，切忌因停药过早而导致疾病复发。少数药物如驱虫药用药一次即可达到治疗目的。

4. 合理联合用药，注意配伍禁忌

两种以上药物同时使用，可以产生协同作用或拮抗作用及毒性反应。采用两种或两种以上的药物联合用药，将起协同作用的药物进行搭配，可提高疗效，如磺胺类药物加抗菌增效剂、青霉素加链霉素。避免出现拮抗作用或产生毒性反应。如链霉素和庆大霉素都属于氨基甙类抗生素，两者合用可导致动物发生中毒（肾脏毒性、

骨骼受损等）。

5. 注意用药产生耐药性、药物残留

（1）耐药性　耐药性指病原与药物多次接触后，对药物的敏感性下降甚至消失，致使药物对耐药菌的疗效降低或无效。这时要不断增加剂量或停一段时间再用才能恢复药物的药理作用。在生产中用药前最好做药敏试验，使用有效的高敏药物。药物长期使用或不合理用药致使一些病原如鸭白痢沙门氏菌、大肠杆菌、葡萄球菌等对治疗药物产生耐药性，鸭场应轮换用药，避免长期使用同一种药物产生耐药性。

（2）药物残留　药物在机体中没有彻底排泄，在鸭产品（蛋、肉）中有部分残留，可影响人体的健康。应提倡使用具有不良反应少、不易产生耐药株、无药残的药物，如抗菌中草药制剂等。必须使用抗菌药时，严格控制剂量，同时按照规定的休药期停止给药。

四、预防性投药

在一些疾病的多发期、敏感阶段对鸭群进行预防性用药也是一项重要防疫措施，可以预防细菌性传染病、寄生虫病等的发生，保障鸭群健康。如对 5～15 日龄的雏鸭，土霉素、氟哌酸、恩诺沙星等可以预防雏鸭的副伤寒病、大肠杆菌病等的发生。还可使用 0.02% 的增效磺胺（1 份磺胺增效剂与 5 份磺胺甲基嘧啶或磺胺二甲基嘧啶混合而成）预防鸭霍乱，如产蛋期鸭，可在饲料中加入 0.05%～0.1% 的土霉素。对于球虫病、鸭蠕虫病等寄生虫病，也应投药预防。

第三节　发生疫病时的扑灭措施

一、尽快确诊

当鸭群中出现精神沉郁、食欲不振或不食、缩颈、喜卧、眼鼻有分泌物、产蛋量急剧下降等症状时，多为传染病的早期症状，应迅速将可疑病鸭隔离观察，并将死亡鸭送兽医部门检验，尽早作出诊断，采取防治措施。

二、隔离、消毒

发现病鸭要及时隔离病鸭，对污染的场地和鸭舍、饲喂用具等进行紧急消毒。严禁饲养员及工作人员串舍，以免扩大传染。

三、病死鸭处理

病死鸭应深埋或焚烧，粪便作发酵处理，对使用的垫草焚烧或作高温堆肥。禁止将患传染病的病鸭及其尸体流入市场或随意抛弃。

四、紧急接种

鸭群进行紧急免疫接种或药物预防，对病鸭进行合理的治疗。并要特别注意工作人员及所用器械的消毒。

第四节　鸭的常见疾病

一、病毒性疾病

1. 鸭流感

本病是由 A 型流感病毒感染，引起鸭轻度呼吸道症状的一种疾病，单纯鸭流感死亡率很低或无死亡。继发细菌感染是致死的重要原因。

（1）发病原因　病鸭和带毒鸭是主要传染源，在它们排出的粪便中含毒量较高，很容易污染饲料、湖泊和水塘。一般经口感染，2～6 周龄的雏鸭易感，发病率和死亡率与病毒株的毒力强弱有关，也与继发其他病有关。本病一年四季均有发生，但在冬、春季节多发。

（2）临床症状　潜伏期变化很大，取决于病毒株的强弱、感染剂量、感染途径和是否有合并症等，可由几小时到数天。有些雏鸭感染后，看不到明显症状，很快死亡，但多数病鸭会出现呼吸道症状。开始时打喷嚏，鼻腔内有浆液性或黏液性分泌液，鼻孔经常堵塞，呼吸困难，常有摇头、张口呼吸等症状。一侧或两侧眶下窦肿胀。慢性病例，羽毛松乱，生长发育缓慢、消瘦。

（3）病理变化　鼻腔黏膜发炎，在鼻腔和眶下窦中，有浆液性或黏液性分泌物，有的呈干酪样。鼻咽部和气管黏膜充血，气囊混浊、水肿或有纤维素性炎症。

（4）诊断　鸭流感虽然有一定的症状及病理剖检的变化，但因为病毒株毒力不同，症状和病变的差异可能很大。确诊必须经实验室诊断。实验室诊断常用方法是琼脂扩散试验或血凝抑制试验。

（5）防治措施

① 搞好综合防治措施，做好引进种鸭、种蛋的检疫工作，坚持全进全出的饲养方式，做好一般疫病的免疫，以提高鸭的抵抗力。对鸭场实行隔离，杜绝车辆、人员、器械及各种动物散播病毒，对鸭场和环境进行严格消毒，一般可选用百毒杀、5％甲醛、4％氢氧化钠、0.2％过氧乙酸等消毒药液。

② 鸭流感灭活疫苗具有良好的免疫保护作用，用其接种是预防本病的主要措施，在实际生产中应根据当地实际情况选择不同血清亚型的疫苗。现疫苗有 H_5 和 H_9 两种，使用方法是：2～4 周龄的雏鸭颈部注射 0.2 毫升，成年鸭肌内注射 0.4～0.5 毫升，免疫期为 5 个月。

③ 一旦发现高致病力毒株引起的鸭流感时，应立即上报疫情，封锁疫点疫区，并将病鸭作无害化处理。

（6）治疗　本病目前没有有效的治疗方法，对于中等或低致病力毒株引起的鸭流感，使用抗生素可以控制并发或继发的细菌感染，减少死亡。金刚烷胺对本病毒的复制可能有干扰或抑制作用。

2. 番鸭细小病毒病

番鸭细小病毒病是侵害雏番鸭的一种急性或亚急性传染病。主要发生于三周龄以内的雏番鸭，故称"三周病"。

（1）发病原因　在自然条件下只番鸭发病，主要感染 3 周龄以内的番鸭，死亡率可达 40%～50%，青年番鸭和成年番鸭感染后不表现明显的临床症状。本病一年四季均有发生，散养鸭全年均可发病。本病主要通过消化道传染。康复鸭长期带毒，是主要传染源。

（2）临床症状　本病的潜伏期一般为 4～16 天。6 日龄以内的雏番鸭多为最急性型。病程很短，多数小时，倒地而死，多数临死前两脚乱划，头颈向一侧扭曲。

① 急性型　多发生于 7～21 日龄，患病雏番鸭精神沉郁、厌食、怕冷、缩头垂翅。两脚无力、呼吸困难、气喘、鼻腔内有浆液性分泌物。腹泻、排灰白色或淡绿色稀粪，瘦弱，部分病雏番鸭死前抽搐、角弓反张。病程 2～7 天。

② 亚急性型本型病例较少，由急性型随日龄增加转化而来。病鸭精神委顿，喜蹲伏，排黄绿色或灰白色稀粪，并黏附于泄殖腔周围。存活者多成僵鸭。

（3）病理变化　肝肿大，可见纤维性肝周炎。心肌色淡、松弛、心脏变圆，有时可见纤维性心包炎。肾充血表面多有灰白色条纹，肺多呈单侧性淤血。部分病例胰脏充血或局灶性出血，表面有针尖大灰白色坏死点，特征性病变在肠道，十二指肠在肠道前段有多量胆汁渗出，空肠前段及十二指肠后段呈急性卡他性炎症，大量出血点密布于黏膜表面。部分雏鸭空肠中、后段和回肠前段的黏膜有不同程度脱落，形成肠道栓子。

（4）防治措施　严禁从疫区购买种蛋、种鸭和雏鸭；鸭舍严格打扫，定期消毒，加强雏鸭的饲养管理。

用番鸭细小病毒活疫苗对未经免疫种番鸭的后代雏番鸭出壳后48 小时内的健康番鸭进行接种，每羽皮下注射 0.2 毫升，接种 7天后产生主动免疫力。可以预防本病的发生。本病的污染区，母鸭在开产前 2 周接种本病的灭活疫苗，对后代有保护力。

（5）治疗　本病无特异性治疗方法。应用高免抗番鸭细小病毒血清或高免蛋黄抗体对病雏番鸭群紧急预防接种 1 毫升，可控制本病的发生和流行。

3. 鸭瘟

鸭瘟又叫鸭病毒性肠炎，俗称"大头瘟"，是由鸭瘟病毒引起的一种高死亡率的急性、热性传染病。其临床特征是高热、体躯软弱、流泪、下痢、排绿色稀粪。

（1）发病原因　鸭瘟传染源主要是病鸭和带毒鸭，其次是其他带毒的水禽、飞鸟之类。健康鸭一旦接触病鸭和死鸭等带毒禽类排出的粪便及其分泌物污染的饲料、饮水、饲养工具等，都会感染发病。消化道感染是主要的传染方式，通过泄殖腔、滴鼻等也可引起发病。不同品种、日龄及性别的鸭均可感染，但以番鸭、麻鸭最易感，肉用鸭次之。在自然感染条件下，成年鸭发病率与死亡率较高，雏鸭较少大批发病。本病在春、秋季节鸭群的运销旺季最易发生和流行，在水源被污染地区，发病和流行较严重。

（2）临床症状　潜伏期一般为 2～4 天，病鸭初期体温急剧升高至 43～44℃，呈稽留热型。表现为精神萎靡，头颈缩起，呼吸困难，食欲降低，渴欲增加，两肢发软，步态蹒跚，经常卧地，走动困难，不愿下水；眼四周湿润、流泪，有的附有脓性分泌物，将两眼黏合；呼吸困难，鼻孔内流浆液性或黏液性分泌物；部分病鸭头颈部肿胀，俗称"大头瘟"。病鸭下痢，排绿色稀粪，有时为灰白色，肛门周围羽毛被污染，常附有稀粪结块。泄殖腔黏膜充血、出血、水肿，严重时外翻。后期病鸭体温下降，体质衰竭，不久死亡。病程一般为 2～5 天，少数可延至 7 天以上。耐过病鸭转为慢性，消瘦，角膜混浊，严重时形成溃疡，且多为一侧。产蛋鸭群的产蛋量减少 30% 左右，随着死亡率的增高，可减产 60% 以上，甚至停产。

（3）病理变化　鸭瘟的病变，以全身性急性败血症为主要特征。病鸭全身的浆膜、黏膜和内脏器官有程度不同的出血性斑点或坏死。剖检见口腔、咽喉周围见有溃疡灶。食道黏膜具有纵向条纹状的灰黄色假膜覆盖，剥离后可见出血点或红色溃疡灶。腺胃乳头或乳头间有点状出血斑点，肌胃角质膜下层充血，有时出血（图7-1）。肠黏膜有充血和出血性炎症。泄殖腔黏膜有出血或溃疡（图7-2）。产蛋鸭卵泡变形、褪色、出血。

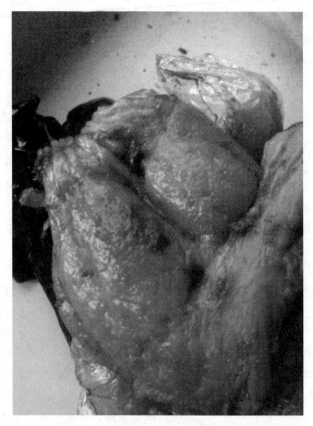

图 7-1 腺胃乳头或乳头间有点状出血斑，肌胃角质膜下充血，出血

图 7-2 肠黏膜充血、出血

（4）诊断　根据症状、剖检可作出初步诊断，确诊需进行病毒分离鉴定。诊断时注意与鸭霍乱相鉴别。

（5）防治措施

① 加强防疫消毒，严防从疫区引进种蛋或病鸭，保持场舍卫生，定期用10%石灰乳或5%漂白粉液消毒场舍等。

② 加强饲养管理，提高鸭群健康水平，增强机体免疫力。

③ 定期做好疫苗预防接种，雏鸭5日龄时首免，25日龄时进行第二次免疫，蛋鸭产蛋前或成年种鸭要进行第三次免疫。

④ 一旦发生疫情，应立即上报，采取封锁、隔离、焚烧、消毒等综合措施扑灭疫情，场舍用3%热氢氧化钠溶液喷洒消毒。对疫区或威胁区内的健康鸭群或疑似感染群，使用鸭瘟鸭胚弱毒苗等接种。

（6）治疗　早期治疗可用抗鸭瘟高免血清肌内注射，每只鸭肌内注射0.5～1毫升，有一定疗效。也可以用聚肌胞进行早期治疗，每只成年鸭肌注0.5～1毫升，每3天1次，连用2～3次。

4. 鸭病毒性肝炎

鸭病毒性肝炎是由鸭肝炎病毒引起雏鸭的一种急性、烈性和致死性传染病。其特征是发病急、传播迅速、死亡率高。

（1）发病原因　传染源为病鸭和带毒鸭。雏鸭主要经消化道和呼吸道感染。被病毒污染的饲料、水、饲养用具、场地、车辆都可成为传染途径。3周龄以内的雏鸭经常发病，4～5周龄的雏鸭也可感染发病。成年鸭也可感染，但不发病，成为带毒者。本病一年四季都可发生。但以春季发病较多。雏鸭发病率可达100%，病死率与病鸭日龄有关，随着日龄的增加，发病与死亡率渐减。小于1周龄鸭病死率可高达95%，1～3周龄的雏鸭死亡率为50%或更低，4～5周龄鸭发病率及病死率都很低，成年鸭则不发病。

（2）临床症状　潜伏期通常为1～4天。病鸭常无任何症状突然死亡，几小时后波及全群。病初表现为精神萎靡，头颈短缩，两翅下垂，食欲废绝，闭眼。随后病鸭出现神经症状，步态不稳，身体倒向一侧，两腿痉挛性后踢，头后仰呈角弓反张姿势。数小时后死亡。有少数病鸭出现腹泻，排黄白色或绿色水样粪便。

（3）病理变化　肝脏肿大，质脆，色泽暗淡或稍黄，有点状或淤斑状出血（图7-3）。胆囊肿大，充满胆汁。脾有时肿大，表面有斑驳状出血。肾常有肿大及树枝状充血。

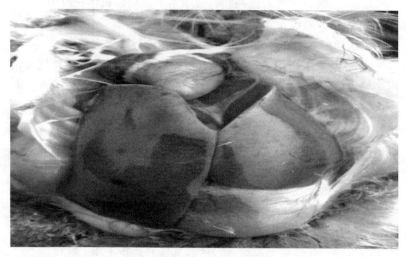

图7-3　鸭病毒性肝炎　肝脏肿大、有瘀血斑

（4）诊断　本病发病急、传播快，3周龄以内雏鸭死亡率高，成年鸭不发病。病鸭有明显神经症状。结合病理变化可做出初步诊断，确诊需进一步做实验室诊断。应与巴氏杆菌、大肠杆菌、雏鸭副伤寒等鉴别。

（5）防治措施

① 加强饲养管理，搞好环境卫生　从健康种鸭场引进种蛋、雏鸭，并严格隔离观察。孵化室及棚舍应定期消毒。

② 疫苗接种　使用鸭肝炎鸭胚化弱毒疫苗，种鸭在产蛋前2～4周、产蛋中期进行疫苗接种，雏鸭于3周内可获得母源抗体保护。雏鸭无母源抗体，应在1日龄应进行鸭肝炎弱毒疫苗进行免疫。不清楚雏鸭母源抗体时，1日龄全部进行免疫。

（6）治疗

① 发生本病后，采取严格隔离措施，防止扩散。淘汰的病重鸭与死鸭，深埋或焚烧。受威胁区的雏鸭群应用抗血清注射，必要时注射灭活疫苗。对污染的垫料、粪便、饲养用具等严格消毒后，才能运出场外。并对病鸭棚舍及周围环境进行彻底消毒。

② 对发病初期的鸭群及时注射鸭病毒性肝炎高免血清或高免卵黄抗体，可有效地控制病情。饮水中加入电解多维、0.01％恩诺沙星，连用3～5天。

③ 衰静型病鸭可用板蓝根60克、大青叶70克、枯矾30克、夏枯草60克、绿豆150克、甘草90克，1剂/天，连服3天。躁动型病鸭用板蓝根12％、大青叶120克、紫草60克、枯矾45克、葛根90克、木贼草60克、朱砂5克、甘草120克，1剂/天，连服3天。

5. 鸭痘

鸭痘是由痘病毒引起的一种急性传染病。其特征是在皮肤、口腔或眼睛上出现痘斑。

（1）症状和病变　各种日龄的鸭均可感染，雏鸭比成鸭易感。分为皮肤型、口腔型和眼型三种，皮肤型较多见。病鸭初期体温稍高，迟钝，食欲下降，产蛋下降或完全停止。

① 皮肤型　在鸭的嘴角和与鸭喙连接的皮肤上、眼睑处皮肤上，出现大小不等的结节状痘样疹，并汇集成较大的疣状结节。跗跖关节以下的足部趾或蹼上，也会出现结节状痘样疹，此病例约占3％。

② 口腔型　最初在口腔黏膜上出现灰白色痘疹，在口角处有结节样疹，痘疹逐渐变黄，后期形成溃疡，经10～15天愈合，不形成伪膜。

③ 眼型　病初有水样分泌物，后来逐渐成脓性结膜炎，常将上下眼睑黏合在一起，严重时可导致一侧或两侧眼睛失明。

（2）病理变化　一般鸭痘的病变除化脓外，痘样结节状病变干涸后成痂，痂脱落后留下暂时性的瘢痕。

（3）诊断　一般根据临床表现和病理变化可以作出诊断。确诊可采取皮肤痘痂及病变组织作病毒分离和病理学组织检查。

（4）防治措施　鸭痘鸭胚化弱毒疫苗肌内注射。

（5）治疗

① 大群鸭用马林胍千分之一的量拌料，连用 3～5 天。防继发感染可用 0.02％ 土霉素拌料，配合中药服用，效果更好。

② 皮肤上的痘痂，一般不做治疗，病重鸭可用消毒过的镊子把患部的硬痂皮剥掉，伤口涂龙胆紫或碘甘油（碘酊 1 份、甘油 3 份混合）。口腔黏膜上的病灶，可用镊子将假膜轻轻剥离，用高锰酸钾溶液冲洗，再用碘甘油涂擦口腔。

二、细菌性疾病

1. 鸭疫巴氏杆菌病

本病又称鸭传染性浆膜炎，是由鸭疫巴氏杆菌引起的幼鸭的一种急性或慢性败血性传染病。

（1）发病原因　主要发生于 2～8 周龄的鸭，尤其 2～4 周龄的鸭最易感。1 周龄内和 8 周龄以上鸭不易感染发病。本病主要传染途径是经呼吸道或皮肤伤口感染。被细菌污染的空气是重要的传播途径。病死率与饲养管理条件密切相关。本病无明显季节性，一年四季均可发生，春冬季节较为多发。

（2）临床症状　多呈急性发作，主要表现为精神沉郁、厌食、腿发软、不爱走动，嗜睡、缩颈或以嘴触地。患鸭眼和鼻有浆液性或黏液性分泌物，粪便稀薄呈绿色或黄色。临死前出现严重神经症状，如痉挛、摇头、扭脖、头向后仰、两腿伸直呈角弓反张。少数病鸭出现头颈歪斜，遇到惊扰时不断发出鸣叫声，转圈或倒退，往往发育不良、消瘦，最后死亡。

（3）病理变化　最明显病变是脏器浆膜表面有纤维素性渗出物。纤维素性心包炎和纤维素性肝周炎，心外膜和肝表面覆盖一薄层白色絮状纤维素性渗出物；心包膜浑浊、增厚；肝脏表面覆盖着一层易剥离的纤维素性薄膜（图 7-4）。气囊混浊增厚，有纤维素

图 7-4　心包膜浑浊、增厚；肝脏表面覆盖纤维素性薄膜

性渗出物。胆囊、脾脏肿大，表面常有纤维素膜。

（4）诊断　根据发病特点、临床症状和病理变化，可作出诊断。确诊需进行细菌分离与鉴定。

（5）防治措施

① 加强饲养管理，改善育雏鸭舍的卫生条件，鸭舍注意保暖防寒，加强通风，地面应保持干燥，勤清扫粪便，加强消毒。保证饲料营养平衡。

② 在雏鸭易感日龄，饮水中添加 0.2%～0.25% 的磺胺二甲基嘧啶或饲料中加入 0.025%～0.05% 的磺胺喹噁啉进行预防性用

药，可预防本病。

③ 进行疫苗接种　进行疫苗接种是预防本病最有效的措施。由于本病病原菌有多种血清型，且不能交互免疫。应选购本病的多价菌苗免疫，才能保证免疫效果。7～10日龄注射一次，20～25日龄再注射一次，保护率可达90%以上。

（6）治疗　磺胺喹噁啉，按每千克体重30～50毫克溶于饮水中，连用3～5天，或按0.02%～0.03%拌料，连用一周。盐酸林可霉素，200克/吨料。恩诺沙星、庆大霉素、多黏菌素B及磺胺类药物等对本病有良好的防治效果。有条件的在治疗前最好进行药敏试验。

2. 鸭霍乱

鸭霍乱又叫鸭出血性败血症、鸭巴氏杆菌病，是一种由多杀性巴氏杆菌引起的急性败血性传染病。本病的特点是发病急、发病率和死亡率都很高。

（1）发病原因　病鸭和带菌鸭以及其他带病禽类是本病的传染来源。病禽的排泄物污染饲料、饮水，经消化道而传染。也可经病禽的咳嗽、鼻腔分泌物排出细菌，通过飞沫进入呼吸道而传染，有时也可经皮肤伤口感染。病死禽污染池塘、湖泊、水洼、河沟放牧鸭群，人员乱患鸭圈、运输工具、野生禽类或动物等都可能成为传播本病的媒介。在饲养管理不良、气温突变和鸭抵抗力降低时可促进发病和流行。本病一年四季都能发病，以早春、晚秋、初冬季节为多见。潮湿地区容易发生。

（2）临床症状　最急性型发病和死亡很快，病鸭突然倒地、抽搐，迅速死亡，常是在头天晚上都很正常，在第二天早上突然发现大量死鸭，是鸭霍乱在鸭群中爆发流行的先兆。急性型病鸭，常见精神沉郁、羽毛粗乱、两翅下垂、缩脖、厌食、甚至废绝，渴欲增加，体温升高，常从口和鼻中流出黏液，呼吸困难，为将积在喉头的黏液排出，病鸭常常摇头，俗称"摇头瘟"。病鸭严重腹泻，排出腥臭的灰白或铜绿色的稀粪，并可能混有血液；病鸭常常瘫痪，不能行走。在1～3天之内死亡，很少能够康复。慢性病鸭较为少见，一侧或两侧局部关节肿胀，跛行，常逐渐消瘦、持续性腹泻。

（3）病理变化　剖检肝脏肿大呈古铜色，质脆，表面有许多灰白色、针尖大小的坏死点。心冠脂肪、腹腔脂肪和浆膜等处有小点出血或出血斑。脾肿大、质脆，有大量坏死点，呈大理石样变化。十二指肠和大肠黏膜充血、出血，严重时呈卡他性炎症。肺呈出血性实变。慢性病鸭剖检可见到心包炎、肝周炎和气囊炎。产蛋鸭可能发生卵黄性腹膜炎。

（4）防治措施　鸭场搞好饲养管理和环境卫生，实行严格的消毒措施。不从疫区引进种鸭或雏鸭，全进全出，禁止将不同品种和不同日龄的禽类混养，避免水源和饲料的污染。

（5）治疗　磺胺类药物和抗生素对鸭霍乱均有良好的防治和治疗效果，注意保证足够疗程。

① 磺胺嘧啶、磺胺甲基嘧啶、磺胺二甲嘧啶、磺胺异噁唑，按 0.4%～0.5% 比例拌料，连用 3～5 天。

② 磺胺喹噁啉，按 0.05%～0.1% 混于饲料中喂服。

青霉素按鸭每千克体重 30000～50000 国际单位，链霉素按 30000 国际单位，用蒸馏水稀释，肌内注射，每天 1 次，连用 3 天。

③ 链霉素肌内注射，每千克体重注射 30000～40000 国际单位，用蒸馏水稀释，每天 1 次，连用 3 天。

④ 土霉素粉，鸭每千克体重用 50 毫克，拌入饲料，1 天 2 次，连用 3 天。

⑤ 喹乙醇，按鸭每千克体重 30 毫克拌入饲料中喂服，每天 2 次，连用 2 天。

3. 鸭副伤寒

鸭副伤寒是由沙门氏菌属的细菌引起的鸭的急性或慢性传染病。它可引起小鸭大批死亡，成年鸭成为带菌者，是鸭的常发病。

（1）发病原因　幼龄的鸭对副伤寒非常易感，尤以 3 周龄以下的鸭常易发生败血症而死亡。成年鸭感染后多成为带菌者。临床发病的鸭和带菌鸭以及污染本菌的畜禽产品是本病的重要传染源。鸭副伤寒可通过消化道等途径水平传染，也可经污染的种蛋垂直传播，使孵出的雏鸭成为带菌鸭和弱雏，很易造成早期大批雏鸭发病死亡。鼠类和苍蝇也是携带本菌的传播者。当饲养管理不良、气候突变、抵抗力减弱时，促进发病。

（2）临床症状

① 急性型　经常发生在3周龄以内的雏鸭。病雏精神沉郁、怕冷、两翅下垂、缩颈呆立，患眼结膜炎，眼半闭，鼻流出浆液性或黏液性分泌物。腹泻、粪便腥臭、脱水，有的病鸭步态不稳，突然倒地，头向后仰，故又有"猝倒病"之称。最后痉挛抽搐，共济失调、角弓反张，几分钟内死亡。

② 慢性型　主要发生在1月龄左右的雏鸭和中鸭，病鸭表现为羽毛蓬乱，嗜眠，拉绿色或黄色恶臭水样便，肛门周围被粪便污染。消瘦、呼吸困难，有的关节肿胀、破行，死亡率不高，但容易感染其他疾病加剧病情导致死亡。

③ 隐性型　成鸭感染后，不表现症状，通过粪便或蛋传染本病造成流行。

（3）病理变化　卵黄吸收不全和脐炎。肝肿大、淤血，呈红色或古铜色，表面有灰黄色坏死灶。胆囊肿胀，充积大量黏稠胆汁。盲肠扩张，内有干酪样物质形成的栓子，输尿管常充积灰白色尿酸盐。气囊膜混浊不透明，常附着黄色纤维素性渗出物。慢性病例常见心脏有坏死小结节，肺出现局灶性炎症。带菌母鸭可见卵巢及输卵管变形和发炎，有时可发现腹膜炎。

（4）诊断　实验室进行细菌分离和鉴定确诊。

（5）防治措施　加强饲养管理和消毒工作。不从疫区引进种蛋和种鸭，发病鸭群不能作种鸭。种蛋孵化过程中严格消毒。保持鸭舍及环境清洁，各种饲喂工具、设备定期消毒，注意灭鼠、灭蚊蝇，防止饲料和饮水被污染。雏鸭与成鸭分开饲养。发现病鸭应立即隔离、治疗、消毒，尸体要深埋。

（6）治疗　氟哌酸、卡那霉素、庆大霉素、丁胺卡那、恩诺沙星、环丙沙星等都有治疗效果。各地鸭沙门氏菌病病原的药物敏感性差异较大，最好做药敏试验，选择敏感药物进行治疗效果好。

4. 鸭大肠杆菌病

鸭大肠杆菌病是由埃希氏大肠杆菌引起的一种急性败血性传染病，又称鸭大肠杆菌败血病。

（1）发病原因　各日龄的鸭均易感染，以 2～6 周龄雏鸭群多发，发病多在秋末、春初。病鸭和群菌鸭为主要传染源。病死鸭尸体、粪便可污染饲料、饮水、饲养场地及有关工具等，使健康鸭很容易感染该病原体。种蛋被污染，造成孵化率下降，还可引起雏鸭的大肠杆菌病。鸭场环境卫生条件差，地面潮湿，鸭舍通风不良，氨气浓度高，饲养密度过大等易诱发本病。

（2）临床症状　刚出壳的病雏体质较弱、怕冷、嗜睡、腹部膨大、下痢（白色或黄绿色）等，个别有神经症状，多因败血症死亡。较大日龄发病的小鸭精神沉郁，食欲减退，缩颈嗜眠，两眼和鼻孔处常附黏性分泌物，病鸭呼吸困难、有啰音和喷嚏等症状，排出灰绿色稀便，常因败血症或体质衰竭而死。成年病鸭喜卧，不愿活动，腹部积水、膨大，病鸭羽毛蓬乱、消瘦、减食、拉稀。

（3）病理变化　败血症为其主要特征，表现心包炎、肝周炎、气囊炎和腹膜炎。有些雏鸭卵黄吸收不全，引发脐炎。肝脏肿大，呈青铜色或胆汁样的绿色。肝脏、心包膜和气囊表面附有黄白色纤维素性渗出物（图 7-5）。脾脏肿大，呈紫黑色斑纹状。肺有瘀血或水肿，全身浆膜呈急性渗出性炎症。成年母鸭卵巢充血、出血；输卵管黏膜有出血点并附有少量鲜黄色纤维性凝块。内脏器官表面有纤维素性渗出物。后期腹腔有腹水。

（4）诊断　根据发病原因、临床症状和病理变化，可初步诊断。确诊需进行细菌分离和鉴定。注意与鸭传染性浆膜炎相鉴别。

（5）防治措施

① 搞好环境卫生消毒，加强饲养管理，严格控制饲料、饮水卫生和消毒。防止饲养密度过大，保持鸭舍通风换气、清洁、干燥，及时清除粪便，减少诱发因素。孵化场还须做好对种蛋的消毒，以减少种蛋污染。并对孵化室及其用具经常清洗消毒。对饲养

图 7-5　肝周炎，肝脏纤维素性渗出

场地、用具等进行彻底消毒。平时可使用抗生素类药物进行预防，防止寄生虫等病的发生。

② 接种大肠杆菌灭活苗，有一定预防效果，灭活苗最好采集于自家养殖场的菌株。

（6）治疗　发生鸭大肠杆菌病时，可用药物进行治疗。

① 氟哌酸　按 0.01％比例混入饲料，连用 3 天。

② 土霉素　按 0.10％～0.6％比例混入饲料，连用 3～5 天。

③ 氨苄青霉素　按 0.2 克/升饮水或按 5～10 毫克/千克拌料。

④ 阿莫西林　按 0.2 克/升饮水，连用 3 天。

⑤ 庆大霉素　2万～4万单位/升饮水，连用3天。

由于大肠杆菌易产生耐药性，有条件时应进行药物敏感试验，选用敏感的药物治疗。

5. 葡萄球菌病

葡萄球菌病是主要由金黄色葡萄球菌引起的一种急性或慢性传染病。其特征是化脓性关节和滑膜炎、败血症、脐炎。

（1）发病原因　金黄色葡萄球菌对外界环境抵抗力较强，在干燥的浓汁或血液中，可生存2～3月，加热70℃1小时、80℃30分钟才能将其杀死。对许多消毒药有抵抗力，3%～5%石炭酸消毒效果较好，也可用过氧乙酸消毒。金黄色葡萄球菌是鸭体积周围环境的常在菌，在自然界中分布广泛，土壤、空气、水、饲料、物体表面及鸭的羽毛、皮肤、黏膜、肠道和粪便中都有该菌存在。鸭皮肤和黏膜创伤是主要的传染途径，也可以通过消化道和呼吸道传播。鸭刺伤、鸭群拥挤、通风不良、饲料单一、维生素和矿物质缺乏等造成鸭免疫功能低下等都是本病的诱因。本病一年四季都可发生，雨季、潮湿季节发生较多。

（2）临床症状

① 急性败血型　病鸭精神沉郁、发热、不愿活动、两翅下垂、缩颈、眼半闭呈嗜睡状，常离群趴卧在草丛中。羽毛松乱，饮食欲减退或废绝。胸腹部、大腿内侧皮下浮肿，有数量不等的血样渗出液，有波动感。

② 关节炎型　多个关节发炎肿胀，特别是趾关节和跗关节。跛行、喜卧，因采食困难，被其他鸭踩踏、消瘦、衰弱死亡。

③ 脐炎型　新出壳的雏鸭脐孔闭合不全，葡萄球菌感染后，引起脐炎。脐部肿大，局部呈黄红、紫黑色，质地稍硬。

（3）病理变化

① 急性败血型　病死鸭皮肤呈紫黑色或浅绿色浮肿，整个皮下充血、溶血，积有大量胶冻样粉红色、浅绿色或黄红色水肿液（图7-6）。心冠脂肪有出血点，肝脏肿大，质脆，暗红色，表面有大小不等的血斑点及不同形状的坏死斑块点。脾、肾等器官充血、

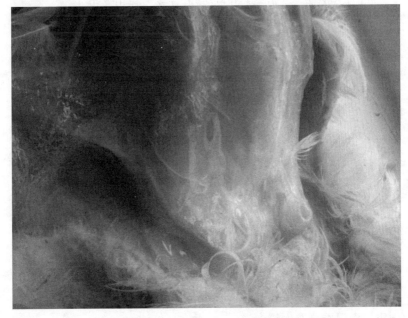

图 7-6　腿部皮下充血，积有黄色水肿液

肿大。肠黏膜轻度出血。

②关节炎型　关节和滑膜发炎，关节肿大，关节囊内有浆液、黄色脓性或浆性纤维素性渗出物，慢性病例形成干酪样坏死或有脓性内容物。

③脐炎型　脐部发炎、肿大，紫红或紫黑色，有暗红色或黄红色液体，时间稍长则为脓样干涸坏死物。肝脏有出血点。卵黄吸收不良，呈黄红或黑灰色。

（4）诊断　主要根据发病特点、发病症状及病理变化做出初步诊断，确诊须结合实验室检查综合诊断。

（5）防治措施

①防止和减少鸭只外伤　消除林地场地、用具、鸭舍内设施上能引起外伤的因素。在免疫接种时要细心，并做好消毒，以避免葡萄球菌感染。

②做好消毒管理工作　做好林地饲养环境、用具、鸭舍的清洁卫生及消毒工作，减少或消除传染源，可用0.3%过氧乙酸或0.01%百毒杀对鸭舍消毒。

③加强卫生管理措施　鸭饲料中要保证合适的营养物质，供给足够的维生素和矿物质，避免拥挤。

（6）治疗　鸭场一旦发生葡萄球菌病，要立即对鸭舍、用具进行严格消毒，防止疫病发展和蔓延。发病鸭只隔离饲养。对于种鸭关节炎型病例，发病初期可用消毒液如碘伏等对局部进行消毒处理。如种鸭病症已较严重，直接淘汰处理。

发病后，应立即确诊。

用磺胺甲氧嘧啶，按饲料量0.5%混入料中，用3天后改为0.25%，持续1周。也可用硫酸庆大霉素肌注，3000单位/千克体重，每天3～4次，连用7天。

丁胺卡那霉素、硫酸新霉素、环丙沙星等也有治疗作用，应根据药敏试验结果选择敏感药物进行治疗。

6. 鸭链球菌病

鸭链球菌病是链球菌引起的一种急性败血性传染病。近年来，鸭链球菌病的发生呈明显上升趋势。

（1）发病原因　引起鸭链球菌病的病原菌主要为粪链球菌。链球菌病可通过口腔、空气、伤口传播，饮食不清洁的污水或饲料常导致该病的发生。本病可单独发生，有时可与鸭葡萄球菌、大肠杆菌、巴氏杆菌、里默氏杆菌等并发感染或继发感染。鸭链球菌病偶见于雏鸭，多发于3～4周龄的中鸭，也见于产蛋鸭。

（2）临床症状　雏鸭表现为软弱、缩颈闭眼、精神萎靡、羽毛松乱、呆立、不愿走动、腹胀。中鸭的急性病例，体温升高到42℃以上，缩颈昏睡，羽毛蓬乱，减食或废食，两肢软弱、步态蹒跚，驱赶时则易跌倒；拉稀、痉挛或角弓反张而死。产蛋鸭产蛋率下降。慢性病鸭则精神沉郁、羽毛蓬乱、减食、逐渐消瘦；跗、趾关节肿胀，行走困难，拉灰绿色稀粪；有的出现痉挛或麻痹等神经症状。

（3）病理变化　皮下及全身浆膜、肌肉水肿、出血。肝脾肿大，点状出血；心室淤血，心包积液。肾肿大，充血，尿酸盐沉积；肠壁水肿且增厚，黏膜出血。产蛋鸭卵巢出血，输卵管水肿。慢性病例会出现纤维素性心包炎、肝周炎、心肌坏死、卵黄性腹膜炎等变化。

（4）诊断　根据临床症状可初诊。但本病与大肠杆菌病、沙门氏杆菌病、葡萄球菌病、里默氏杆菌病等传染病容易混淆，必须进行细菌的分离培养、染色镜检和生化试验才能作出确诊。

（5）防治措施　加强饲养管理，搞好环境卫生，减少气候变化、环境潮湿、空气污浊、饲养密度过大等应激因素。防止鸭皮肤外伤，及时更换垫草。入孵的种蛋要严格消毒。

（6）治疗

① 阿莫西林粉针　每支 0.5 克，用注射用水稀释，肌内注射雏鸭 100 只或中鸭 40 只，或大鸭 10～20 只，每天 1 次，连用 4～5 天。

② 青霉素 G 盐用氨基比林液稀释，每千克体重 2 万～4 万单位肌内注射，每天 2 次。

③ 可选用氨苄青霉素或阿莫西林或头孢噻呋钠饮水给药，连用 3～5 天。

7. 鸭曲霉菌病

鸭曲霉菌病是由曲霉菌属真菌，如烟曲霉菌和黄曲霉菌等引起的鸭的一种真菌性疾病，又称曲霉菌性肺炎。幼鸭多发且呈急性群发性，发病率高。真菌主要侵害呼吸器官，主要特征是在鸭的肺和气囊发生炎症和形成结节。

（1）发病原因　主要由烟曲霉菌和黄曲霉菌引起，本病常在雏鸭中爆发，发病率、死亡率均较高。成年鸭多为散发。本病发生与生长霉菌环境有关。饲料或垫料被霉菌污染，鸭群密度过大，通风不良时可诱发本病。

（2）临床症状　病雏食欲不振，羽毛松乱，嗜睡、食欲减退或废绝、渴欲增加。随着病情发展，病雏呼吸困难、喘气、咳嗽、呼吸道有啰音。口腔和鼻腔中常流出浆液性分泌物。发生下痢，粪便淡绿色，跛行、消瘦，最后衰竭而死。

（3）病理变化　口腔黏膜附着灰白色或黄色麸皮样假膜，鼻道出血并有污灰色假膜样物阻塞，咽喉部黏膜出血，附着坏死假膜，气管黏膜出血，并生长灰绿色霉菌结节。肺脏、气囊上可见大小不等灰黄色的结节，质地较硬（图 7-7）。气囊壁浑浊、增厚。肝脏轻度肿大，心内外膜出血，有灰白色结节。

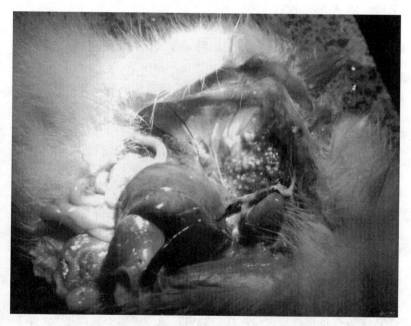

图 7-7　鸭曲霉菌病（肺和气囊有大小不等的灰白色结节）

（4）诊断　根据发病特点、临床特点、病理变化等，作出初步诊断。确诊必须进行微生物学检查和病原分离鉴定，查到霉菌。

（5）防治措施　加强卫生管理，防止饲料和垫料发霉，使用清洁干燥的垫料和无霉菌污染的饲料。避免鸭接触发霉物，防止场地潮湿和积水，加强鸭舍通风。

（6）治疗　及时隔离病雏，清除污染霉菌的饲料与垫料，清扫鸭舍，铲除地面土，用 20％石灰水彻底消毒。严重病例及时淘汰。

① 用 1：2000 或 1：3000 的硫酸铜溶液代替饮水，连用 3～5 天，可以控制疾病蔓延。

② 病鸭试用碘化钾口服治疗　每升水加碘化钾 5～10 毫克，有一定疗效。

③ 制霉菌素　成鸭 20000～40000 单位/只，雏鸭 5000～8000 单位/只，口服，每天 2 次，用 3～5 天。

④ 口服灰黄霉素　每只鸭 500 毫克，每天 2 次，连服 4 天。

⑤ 克霉唑　按 0.01 克/只雏鸭，混入饲料，连用 3～5 天。

8. 鸭传染性窦炎

鸭传染性窦炎是由支原体引起的呼吸道传染病，又名鸭慢性呼吸道病。临床上以眶下窦炎和眶下窦肿胀为特征。

（1）发病原因　本病通过被污染的空气经呼吸道感染，也可能经种蛋发生垂直传播。各种日龄的鸭均有发生，但临床以 1～3 周龄雏鸭多见。本病一年四季均可发生，但以春季和冬季多发。该病的发生与饲养环境条件密切相关。当舍内温度低、垫料潮湿、通风不良有害气体浓度高、饲养密度过大时最易发生。单纯支原体感染时，病死率较低，并发其他细菌和病毒感染时死亡率较高。

（2）临床症状　发病初期病鸭咳嗽、喷嚏，流水样鼻液，随后鼻液变稠，以豆腐渣样或干酪样物填满眶下窦，造成一侧或双侧眶下窦肿胀，隆起如蚕豆大，按压柔软，10 余天不消散。眶下窦发痒，常被鸭爪抓掉皮而露出红色肌肉，或因呼吸不畅而甩头，或因眼鼻分泌物使头部湿润，使头部无羽毛，皮肤呈青铜色或蓝色甩头。严重病例眼结膜发炎、流泪、眼眶内蓄积黄白色干酪样渗出物，甚至失明。死亡率低，但感染鸭生长发育缓慢。

（3）病理变化　上呼吸道黏膜充血，肺水肿，眶下窦积肿胀明显，有大量浆液性渗出液或脓性干酪性渗出物。气囊混浊，水肿增厚。

（4）诊断　根据本病的发病原因、临床症状、病理变化可作出初步诊断。确诊需进行病原分离和血清学诊断。

（5）防治措施　加强饲养管理，提高雏鸭的抵抗力，减少应激。保持育雏室温度稳定，及时更换潮湿的垫料，保持合理的饲养密度，搞好鸭舍的通风，免疫前后在饲料中多添加复合多维等。发生过本病的鸭舍应进行彻底的消毒和空舍一定时间后再进雏饲养。

（6）治疗　酒石酸泰乐菌素注射液每千克体重用40毫克，皮下注射1次。接着用泰乐菌素按0.1%饮水，连用3～5天。如病鸭眼睛下方出现皮肤隆起，应用消毒过的剪刀将其剪开，将豆渣或干酪样物挤干净，洗涤后涂磺胺类或抗生素类消炎膏，防止继发感染。

9. 种鸭坏死性肠炎

种鸭坏死性肠炎是发生于种鸭的传染性疾病，以体质衰弱、食欲降低、不能站立、常突然死亡和剖检见肠道黏膜坏死为特征，称"烂肠病"。

（1）发病原因　本病一年四季均可发生，但在晚秋和冬季多发，一入春夏发病显著减少。饲养管理条件不良及应激因素如免疫接种、恶劣的气候条件等刺激后，容易发病。发病原因可能是多种致病因子，包括具有鞭毛的原虫、类巴氏杆菌以及魏氏梭菌等。

（2）临床症状和病理变化　病鸭虚弱，不能站立。有的病鸭死前无任何症状，突然死亡。肠管退色和肿胀，空肠和回肠扩张，内有血样液体，十二指肠黏膜出血。后期见空肠和回肠黏膜表面等覆盖一层黄白色恶臭的纤维素性渗出物和坏死的肠黏膜。在母鸭的输卵管中，常见有干酪样物质堆积。

（3）防治措施　注意饲养管理条件，搞好环境卫生。

（4）治疗

① 每吨饲料中加入硫酸新霉素或红霉素200克，连续用药一周后减半，再喂一周。

② 发病严重的鸭群，每只鸭注射青霉素15万单位，链霉素250毫克，每天1次，连续治疗2～3次，效果较好。

三、寄生虫病

1. 鸭球虫病

鸭球虫病是由球虫寄生在鸭肠上皮细胞内耳引起的一种寄生虫病。在鸭群中经常发生，可造成雏鸭很高的死亡率，耐过的病鸭生长发育受阻，增重缓慢，成为带虫鸭。

（1）发病原因　各种年龄鸭都可感染，以雏鸭发病严重、死亡率高。地面育雏的鸭舍，此病多发生于 2～4 周龄鸭。网上育雏的鸭舍，此病多发生于转入地面饲养后的 3～4 天，几日内大量死亡。鸭球虫具有明显的宿主特异性，只感染鸭不感染其他禽类，其他禽类球虫也不感染鸭。在夏季及雨水较多的季节最易感染。主要途径为消化道。

（2）临床症状　急性鸭球虫病多发生于 2～3 周龄的雏鸭。病鸭初期出现精神委顿、缩颈喜卧、不食、渴欲增加等症状；常下痢，随后排带血稀粪。常在发病后的 2～3 天内死亡。耐过的病鸭生长受阻，增重缓慢。慢性型一般不显症状，偶见有拉稀，常成为球虫携带者和传染源。

（3）病理变化　剖检见病死鸭尸体消瘦，可视黏膜苍白，泄殖腔周围的被毛污秽。主要病变在小肠。肠腔扩张，粉红色；浆膜血管怒张，呈树枝状，肠黏膜肿胀，潮红，可散见针头大红色小点（图 7-8）。小肠内容物，黄白色粥样或半透明胶状、灰粉色粥状黏液，重者为紫红色血性黏液。盲肠显著肿大、出血，内含暗红色或黄白色豆腐状混有血液的内容物。

（4）诊断　鸭的带虫现象极为普遍，所以不能仅根据粪便中有无卵囊作出诊断，应根据临诊症状、流行病学资料和病理变化，结合病原检查综合判断。

（5）防治措施

① 改善养鸭的环境卫生，勤换垫草，地面保持干燥，每隔 2 周用 2％热烧碱水消毒一次，并清洗地面。及时清除粪便。饲槽和饮水用具等经常消毒。谢绝外人参观，以免从外带进球虫卵囊。

② 常发球虫病的鸭场，应及早进行预防性投药。在该病流行

图 7-8 肠黏膜肿胀、潮红、脱落，可见斑块状出血斑

季节，定期在饲料及饮水中添加预防药物，产蛋前可用马杜拉霉素、氨丙啉、氯苯胍等药物交替使用进行预防，产蛋期可用地克珠利 1 毫克/千克饮水，青霉素每只 1 万国际单位，交替使用药物预防效果好。

（6）治疗 鸭球虫病必须尽早诊断，尽快采用药物治疗。防止寄生虫产生抗药性，应轮换使用。

① 氯苯胍 预防按 30～33 毫克/千克浓度混饲，连用 1～2 个月，治疗按 60～66 毫克/千克混饲 3～7 天，后改预防量予以控制。

② 磺胺类药物 磺胺六甲氧嘧啶按 0.1% 比例混入饲料中，连

喂 6 天。

磺胺甲基异噁唑按 0.1％比例浓度混入饲料，连喂 6 天。

磺胺六甲氧苄氨嘧啶加三甲氧苄氨嘧啶（以 5∶1 比例）按 0.02％比例混入饲料，连喂 4 天。

磺胺二甲基嘧啶按 0.1％比例混饲，连喂 6 天。

磺胺二甲基嘧啶加三甲氧苄氨嘧啶，按 0.02％比例混入饲料，连喂 6 天。

磺胺五甲氧嘧啶按 0.1％比例加入饲料，连喂 4 天。

2. 鸭棘头虫病

鸭棘头虫病是由棘头虫寄生于鸭的小肠所引起的寄生虫病。

（1）发病原因　病原体为大多形棘头虫、小多形棘头虫、鸭细颈棘头虫和腊肠状棘头虫。多发于夏季。1～3 月龄鸭易感。大量感染而饲养条件又较差时可引起死亡。幼鸭的死亡率高于成鸭。

（2）临床症状　病鸭精神不振，步态蹒跚，头翅下垂，食欲减退或废绝。生长迟缓、消瘦、贫血、下痢，常排出带有血黏液的粪便，逐渐衰弱死亡。

（3）病理变化　虫体寄生于鸭的小肠前段，小肠黏膜出血和溃疡，形成大小不等的创口。浆膜和结缔组织有突出的小结节。小肠前段有带黄色或橙黄色的纺锤形棘头虫。在病鸭粪便里检出虫卵。

（4）诊断　根据流行病学与症状，可初步怀疑为本病。确诊需要采取病鸭粪便，采用水洗沉淀法或离心漂浮法来检查虫卵。

（5）防治措施　加强鸭群的饲养管理，成鸭与小鸭要分群放牧。新购进的鸭群，必须全面粪检。若有多型棘头虫寄生，应立即驱虫。驱虫后 10 天才能入浅水放牧。

（6）治疗

① 驱虫可用四氯化碳，每千克体重用 1～2 毫升、用小胶管灌服。

② 二氯酚，每千克体重用 500 毫克，一次空腹灌服。

③ 丙硫苯咪唑，按每千克体重 10～25 毫升一次投服。

3. 鸭卷棘口吸虫和细背孔吸虫病

卷棘口吸虫和细背孔吸虫都寄生在鸭的盲肠和直肠内，常混合寄生。

（1）临床症状　鸭消化机能障碍，食欲减退、下痢、贫血、消瘦，生长发育受阻，严重时极度衰弱而死亡。

（2）病理变化　出血性肠炎，盲肠炎。在肠黏膜上附着有大量虫体，引起黏膜损伤和出血。

（3）治疗

① 吡喹酮　每千克体重 10～20 毫克，一次口服。

② 硫双二氯酚　每千克体重用 200～300 毫克，拌入饲料中一次喂给。

③ 氯硝柳胺　每千克体重用 50～100 毫克，一次内服。

④ 四氯化碳　每只鸭用 2～3 毫升，一次灌服或注射于嗉囊内。多用于细背孔吸虫的治疗。

4. 鸭虱

（1）病因和流行特点　鸭虱是鸭的体外寄生虫。鸭虱的传播方式是宿主间的直接接触，或通过公共用具间接传播。秋冬季节是繁殖最旺盛的季节，由于秋冬动物羽毛浓密，适合鸭虱的生长，同时天气冷，动物易拥挤在一起，所以又是传播的最佳季节。鸭虱若离开宿主，很快死亡。

（2）临床症状　鸭虱主要是啃食宿主的羽毛和皮屑，鸭由于遭受虱的刺激，皮肤发痒，患鸭常因啄痒而伤及羽毛和皮肉。精神不安、食欲不佳、生产力下降、常引起消瘦、羽毛脱落。鸭虱严重侵袭雏鸭时，造成雏鸭生长发育受阻、体质日衰，甚至造成死亡。

（3）防治措施

防治鸭虱常用药物有 0.5% 敌百虫、5% 氟化钠、2%～3% 除虫菊、5% 硫黄粉、0.05% 蝇毒磷。

① 沙浴法　将一定浓度的药物，配在沙地中，当鸭自行沙浴时，可消除自身虫体。

② 水药浴法　用温水配制一定浓度的杀虫药，将鸭浸入药液

中，直到羽湿透为止，用时注意鸭头部和药物浓度，以防中毒。

③ 撒粉或喷粉法　将药物直接喷洒到鸭虱寄生的部位。

根据鸭虱生活史，在驱杀鸭虱后，相隔 10 天，需进行第二次治疗，才能把新孵化出来的幼虱彻底杀死。

在治疗鸭虱时，必须同时对鸭舍、鸭巢和用具进行消毒和杀虱工作，鸭舍内地面及脱落的羽毛等，都要用杀虱剂喷洒。

四、中毒性疾病

1. 有机磷中毒

（1）发病原因　鸭因采食或误食喷洒有机磷农药（如敌百虫、乐果、敌敌畏等）的农作物、牧草及蔬菜等引起中毒。鸭在刚喷洒过有机磷农药的果园、林地、农田放牧，采食被污染了的虫、青草、树叶、饲料、饮水等，可引起中毒。用有机磷农药（如敌百虫等）驱杀鸭体外寄生虫用药量过大或使用方法不当，也可以发生中毒。

（2）临床症状　有机磷农药与胆碱酯酶结合，抑制鸭体内胆碱酯酶的活性，表现为流涎、腹泻、瞳孔缩小、抽搐等神经兴奋症状。中毒非常迅速。重症者口流涎沫，突然拍翅、抽搐死亡。轻症者运动失调、瞳孔显著缩小、眼流泪、口流涎、鼻流稀薄鼻液、泄殖腔频频排粪尿，后来肌肉震颤、两脚麻痹、体温下降、抽搐死亡。

（3）病理变化　剖检无明显特征性病变，可见肝脏肿大、淤血、肠道黏膜弥漫性出血、黏膜脱落、胃内容物有大蒜气味。

（4）诊断　发病迅速，采食过被有机磷农药污染的饲料、饮水或害虫，根据临床症状、剖检变化可作出诊断。

（5）防治措施　加强农药管理，注意农药的使用方法、使用剂量及安全要求。不在刚喷洒过农药的果园、农田放养鸭。用有机磷农药杀灭鸭舍或鸭体表的外寄生虫时，要严格控制药物使用剂量和浓度。

（6）治疗　最急性中毒，来不及治疗即死亡。发现早的可以进行抢救。应用抗胆碱药阿托品，每只肌内注射 0.5 毫克。使用越早效果越好。同时应用胆碱酯酶复活剂解磷定或氯磷定，每只肌内注射 1.2 毫升。鸭群使用葡萄糖溶液饮服，以增强其肝脏的解毒功能。

2. 鸭黄曲霉素中毒

鸭黄曲霉素中毒是由于鸭吃了被黄曲霉毒素污染的饲料而引起的一种中毒性疾病。临床上以肝脏受损为主要特征。

（1）发病原因　花生、玉米、黄豆、棉籽、麸皮、干草等饲料在潮湿季节保存不当，霉变后产生黄曲霉素，鸭采食含有黄曲霉素的饲料很容易引起中毒。不同种类和日龄的鸭均可致病，雏鸭比成年鸭更为易感。雏鸭中毒后，常引起死亡。

（2）临床症状　病鸭最初症状为采食量减少和生长缓慢，羽毛脱落，常见跛行，腿和趾部可出现紫色出血斑点。雏鸭于死前常见有运动失调，抽搐，死时呈角弓反张等症状，病死率可达 100%。成年鸭通常呈亚急性或慢性症状，精神、食欲不振，大便拉稀、生长缓慢，病程较长的可见腹围增大。

（3）病理变化　在较大的雏鸭可能见有皮下胶样渗出物，在腿部和蹼有严重的皮下出血。肝脏的病变常是中毒的明显指示。1 周龄因黄曲霉毒素中毒而死的新生鸭雏的肝脏肿大，色发灰。肾苍白肿大，或有小出血点。胰脏亦可能有出血点。3 周龄以上的鸭肝脏病变明显，整个肝脏苍白和有肝萎缩与肝硬变，再较大的鸭可见心包积液和腹水。肾脏肿胀出血与胰脏出血。

（4）诊断　可根据临床症状和病变进行初步诊断，确诊需对饲料进行黄曲霉毒检测。

（5）防治措施　在温暖、潮湿多雨季节，加强饲料贮存保管，注意保持通风干燥、防止潮湿霉变，禁喂发霉变质饲料是预防本病的关键。

（6）治疗　本病目前尚无有效治疗药物，发现黄曲霉毒素中毒病鸭，应立即停喂含有黄曲霉毒素的饲料和饲草，并供给充足的青绿饲料和维生素 A，利于中毒的恢复。可给鸭内服硫酸钠 5 克或硫酸镁 2 克，以排出肠道内毒素，并让鸭大量饮水。

3. 鸭肉毒梭菌毒素中毒

鸭肉毒梭菌毒素中毒是鸭摄食了肉毒梭菌毒素而引起的急性中毒性疾病，其主要特征为运动神经和颈部肌肉麻痹，故又称为软颈症。散养的鸭较为常见。

（1）发病原因　本病的病原是由肉毒梭菌产生的外毒素引起的。一般在夏秋炎热的季节发生，鸭通常吃了死亡而腐败的鱼虾或动物尸体引起中毒致病，此外，腐败的动物尸体上的蝇蛆也可能含有大量毒素，当被鸭吞食后，亦可造成本病的爆发。本病多发生于散养的鸭群。不同品种的鸭均可发生本病，临床上以麻鸭较为多见。

（2）临床症状　鸭在吞食了含毒素的食物后几小时内至 1～2 天发病，出现麻痹症状。往往是突然发病，病鸭精神委顿、反应迟钝、不愿活动，嗜睡、不食，头颈、翅膀和两腿发生麻痹。严重中毒的病例，颈部肌肉麻痹，头颈伸直垂地，软弱无力，闭眼，翅下垂，两腿麻痹瘫痪，不能站立，有时下痢、排绿色稀粪，最终昏迷而死。极其严重的病鸭羽毛松乱，容易拔落。

（3）病理变化　尸体剖检无明显特征性病变，一般可见肝脏、脾脏、肾脏充血；肠道黏膜呈轻度卡他性炎症；食道内和胃内有尚未消化的蝇蛆残渣或腐败物。少数病例还可见心包积液、心肌出血、脑组织出血。

（4）防治措施　加强饲养管理，搞好环境卫生，及时清除林地、鸭舍周围的腐败尸体，如死鸭、死鼠等，不让鸭群接触到腐败动物和禽类的尸体，尤其在夏秋季特别注意，不要喂腐败的肉类和鱼虾，以及粪坑内的蝇蛆。严禁饲喂腐败的蔬菜、肉类、鱼粉等饲料。

（5）治疗　目前本病尚无特效的治疗药物，一般对症治疗。可灌服泻剂治疗，每只成年鸭灌服 10％硫酸镁 20～30 毫升，或灌服 20 毫升蓖麻油。有条件的可用 C 型肉毒梭菌抗毒素，每只鸭注射 2～4 毫升，有一定的疗效。

4. 鸭亚硝酸盐中毒

（1）发病原因　鸭亚硝酸盐中毒是由于采食了因堆放发热而变质或加工不当的白菜等而发生的一种中毒。菜中含有硝酸盐，在一定温度、湿度及酸碱度条件下，转化为亚硝酸盐，鸭采食后会发生中毒死亡。

（2）临床症状　鸭采食变质菜后约 1 个小时，出现不安、流涎、口吐白沫，驱赶时行走无力，摇摆并呈瘫痪状，结膜发干，呼吸困难等。

（3）病理剖检　血液呈酱油色，凝固不良。食道或嗉囊内充满菜料，并有浓烈的酸败味。小肠黏膜充血，大肠鼓气。心肌无弹力，心外膜有出血点。肝呈黄白色，质软肿胀。

（4）诊断　根据调查，鸭是否采食过堆放变质或经煮后加盖闷放过夜的菜帮、菜叶而迅速发病。流涎，呼吸困难，死后剖检血液呈酱油色并凝固不良，据此即可作出初步诊断。确诊需取饲料送兽医检验部门做实验诊断。

（5）防治措施　不喂腐烂变质的青饲料，最好不要加热，要新鲜生喂，以减少亚硝酸盐中毒事件的发生。

（6）治疗　可静脉或肌内注射 1% 美蓝溶液。美蓝溶液的配法：取美蓝溶液 1～2 克溶于 10 毫升纯酒精中，加生理盐水 90 毫升混合。每千克体重注射 1 毫升，必要时重复一次。

5. 鸭食盐中毒

食盐由钠和氯两种元素组成，是鸭日粮中不可缺少的矿物质，给予适量的食盐，可增进食欲增强体质。但鸭摄入过量的食盐也会引起中毒，甚至造成死亡。

（1）发病原因　饲料或饮水中食盐含量过高，饮水受到限制，均可导致食盐中毒。据报道，鸭子对食盐的毒性作用很敏感，饲料中加入 2% 的食盐，可使小鸭生长抑制，种鸭繁殖能力和蛋的孵化率降低。体重为 0.6～0.8 千克的鸭子，只要吃到 5 克以上的食盐就可引起死亡。

（2）临床症状　本病以神经症状和消化紊乱为特征。表现为燥渴，饮水量超过正常量的数倍。雏鸭中毒后惊慌不安地尖叫，无目的冲撞及角弓反张，口鼻内有大量黏液流出，嗉囊软胀、拉水样稀粪。初期病鸭极度兴奋，后精神沉郁、运动失调、两脚无力、步态不稳，有的作转圈运动，时而倒地，两腿作划船动作，甚至瘫痪。后期病鸭极度衰竭呼吸困难，虚脱、抽搐、痉挛、昏睡而死。

（3）病理变化　剖检尸僵不全，血液黏稠，凝固不良，皮肤干燥、蜡黄色。食道中充满黏液，黏膜脱落；皮下组织水肿，肺水肿，腹腔和心包积水，腺胃黏膜充血，有时形成假膜；小肠呈现急性卡他性肠炎或出血性肠炎。尤其十二指肠呈弥漫性点状出血。肝变硬，有淤血或出血斑。肾肿大，色淡；脑膜血管充血，有针尖样出血点；肾、输尿管和排泄物中有尿酸沉积。脑血管充血，有出血点、并有脑炎变化。

（4）诊断　对可疑饲料、饮水或胃内容物进行氯化钠含量测定；也可以测定患鸭血浆和脑积液中的钠离子浓度。

（5）防治措施　设计饲粮配方时要精确计算食盐用量，饲料中总盐量不超过0.37％。食盐要磨细，混合均匀。雏鸭对食盐特别敏感，应严格控制在0.3％左右。平时应经常供给雏鸭新鲜、清洁而充足的饮水。

（6）治疗　食盐中毒时，立即停用原饲料和饮水，多次小量供给清洁饮水或5％葡萄糖溶液饮服，可适量加入维生素C。切忌大量供水或任鸭暴饮。重症鸭另加0.5％醋酸钾溶液饮水，不能自饮时，逐只灌服。

6. 一氧化碳（煤气）中毒

（1）发病原因　由于冬季育雏舍内封闭较严，通风不良，煤炉装置不合适或煤烟道不畅等造成空气中的一氧化碳浓度增高所致。鸭对一氧化碳非常敏感，北方寒冷季节容易发生。

（2）临床症状　急性中毒的症状为病雏表现不安、嗜睡、呆立、运动失调、呼吸失调。随后病雏不能站立，倒于一侧或伏卧，头向前伸。临死前发生痉挛或惊厥。亚急性中毒时，病雏羽毛粗乱，食欲减少，精神呆钝，生长缓慢。

（3）病理变化 急性病例的主要变化是肺和血液呈樱桃红色（即鲜红色）。亚急性中毒不见明显病变，不易诊断。

（4）防治措施 育雏室内应注意通风良好，煤炉安置要确实安全，经常检查烟道是否通畅。一旦发现雏鸭有中毒现象，应立即打开窗户，将雏鸭移到通风良好、空气新鲜的地方。

五、其他疾病

1. 鸭中暑

鸭中暑也称为热应激，是鸭在高温、高湿的情况下，机体的散热机制发生障碍、热平衡受到破坏而引起的一种急性疾病。

（1）主要病因 夏季气温太高，或者暴雨之后湿度增大，鸭在高温高湿的综合作用下最易引起中暑；鸭的运动场所没有遮阴设施，使鸭长时间在强烈的阳光下暴晒；饲养密度过大，鸭舍通风透气差，造成热量不易散发；饮水不足。

（2）临床症状 鸭中暑后烦躁不安、战栗、体温升高，张口喘气、呼吸迫促、不吃食。双翅下垂、伏地不起或往阴凉潮湿处钻，头颈歪斜或左右摆动，口渴，有时突然虚脱死亡。

（3）病理变化 大脑实质及脑膜充血、出血，血液凝固不良，肺及卵巢充血；蛋鸭的产蛋量下降，剖检可见有待产的蛋。

（4）诊断 根据发病季节、气候及环境条件、发病情况及症状、病理变化等综合分析，一般不难作出诊断。

（5）防治措施

① 夏季应在林地上搭建凉棚遮阳，供鸭活动或栖息，避免鸭长时间受到烈日暴晒。加强鸭舍通风，打开门窗，有条件的可装排风扇或吊扇。

② 实施带鸭喷雾消毒，地面洒水，同时打开门窗，加大对流通风。早放鸭、晚关鸭，增加中午休息时间和下水次数，在盛夏晴天的晚上，要在运动场上点灯，让鸭在露天乘凉过夜。

③ 多喂青绿饲料，供给充足清凉饮水，尤其是深井水，避免暴风雨侵袭。当气温超过 29℃ 时，可以在饮水或饲料中添加电解

多维或水溶性维生素 C，也可以用一些中草药煎水饮服或拌料，用鱼腥草、车前草、淡竹叶、香薷煎水饮服。

（6）治疗

① 当发现鸭发生中暑时迅速将鸭转移到无阳光直射、阴凉的环境中，或向鸭身泼洒凉水降温，同时给清凉饮水。

② 在中暑鸭脚部充血的血管上，采取针刺放血。

③ 鱼腥草、大马鞭、苦瓜叶、丝瓜叶揉汁，给鸭滴服。

④ 10 滴水 1 瓶，稀释 5～10 倍，每鸭灌服 1～2 毫升。或喂服人丹丸 1～2 丸。

⑤ 鱼腥草、海金沙、青木香、青蒿、薄荷叶各 500 克，熬水掺入饮水中，供 500 只鸭饮 1 天。

2. 鸭啄毛

（1）发病原因

① 营养缺乏　配合饲料不当，饲料单一不全价，缺乏蛋白质或必需氨基酸，在缺少蛋氨酸、胱氨酸、维生素 A 和烟酸时容易发生鸭子啄毛；钙磷含量不足或比例失调，缺乏食盐、矿物质和微量元素时也容易发生鸭子啄毛。

② 饲养环境条件差　鸭舍温度高，湿度大，地面潮湿污秽，通风不良，光线过强，密度过大，舍内空气污浊，氨气和二氧化碳、硫化氢等浓度过大，都易造成鸭子啄毛。

③ 饲养管理不当　饲料突变，饲喂不定时不定量，鸭子采食时拥挤，饮水不足也能引起鸭子啄毛。

④ 感染寄生虫　鸭群感染寄生虫，造成叮痒和啄毛。

（2）临床症状　啄击部位多为背后部及羽翅尖部羽毛，常造成毛囊出血、皮肤撕裂等。

（3）诊断　根据临床症状即可确诊。

（4）防治措施

① 加强饲养管理　保持适宜的饲养密度，防止拥挤。鸭舍加强通风，保持适宜的鸭舍温度，相对湿度保持在 60％～70％，并保持地面干燥。防止光线太强。

② 合理配制饲料　饲料原料要多样化，配方科学合理，根据鸭生长日龄饲喂优质全价日粮。

（5）治疗　分析原因，对症治疗。

① 因蛋白质、钙磷不足，可添加 5％豆饼或 3％鱼粉、2％～4％骨粉或贝壳粉；因缺盐引起的可在饲料中添加 1％～2％食盐，连喂 2～3 天；因缺硫引起的可补硫酸锌或硫酸钙，每只每天 1～4克。在饲料中适当增喂啄羽灵、羽毛粉等防止啄毛发生。

② 减低光照强度　一般用 25 瓦灯泡照明，鸭能看到吃食和饮水就可以，以利于鸭子安静和生长防止啄毛。

③ 发生啄羽应及时挑出，单独饲养，外伤处用高锰酸钾溶液洗涤或涂紫药水，结痂痊愈后再合群。在饲料中加入适量石膏粉末，一般每只鸭每天 1～4 克。

第八章

生态高效养鸭的经营管理

第一节　合适的经营模式

一、以生态、健康养殖为宗旨

生态养鸭，要坚持生态养殖、健康养殖的宗旨，以生产健康、绿色禽类产品为目的，对每一个生产环节实行统一、科学、规范化管理，突出品种独特、生长环境优越、饲喂标准化、加工贮运先进化等特点，并想方设法扩大销售渠道，以可靠的质量，生态、绿色产品的品牌占领市场，创出品牌，才能在激烈的竞争中站稳市场，争取一席之地，创造好的效益。

二、采用合适的经营模式

现代养殖业的市场竞争越来越激烈，单打独斗式的养殖模式，已经不能适应市场发展的需要，现代养鸭，要创新养殖模式，走生态养殖之路，及时进行技术转型、养殖模式转型，做一个既懂技术又懂市场的养殖人，才能不落伍、不被激烈的市场竞争所淘汰。养殖生产必须和市场及时对接，才能解决产品销售的问题，合适的发展模式至关重要。目前生态养殖的管理和经营模式主要有以下几种。

1. 农户养殖模式

农户独立经营。养什么、怎么养以及加工和销售都由农户个体决定。但个体养殖户的生产规模往往较小、饲料等生产资料的成本偏高，抗各种风险的能力差，加上产品销售的途径少、没有产品定价权，所以这种模式的经营应该尽量形成规模，找到较稳定的销售渠道，才能保证养殖的效益。

2. 公司＋基地＋农户的模式

由专业公司提供良种（原料）、技术、防疫和产品回收，养殖户、农户提供饲养场地和劳务，使产品生产的规模化、规范化并实现政策、技术、资金、土地等各种资源的有机整合，促进农户收入稳定增长。

3. 协会（合作社）模式

协会（合作社）模式一般由协会（合作社）为养殖户提供市场信息和技术培训，以及组织协会会员（合作社社员）进行生产经营。可以最大限度地帮助会员规避市场风险。

三、制订养鸭周期和计划

多方收集信息，掌握市场供应、需求情况，价格情况，找准市场定位，合理安排养鸭品种、养殖和出栏时间。可以向有经验、养殖规模大的养殖户打听相关信息，通过网络、报刊、电视等多渠道收集信息，权衡林地面积、资金、技术等情况合理安排养殖周期和规模。并做好购雏、饲料需要、产品销售、支出和收入预算等生产计划。

第二节　成本和效益核算

做好成本预测，对人工工资、雏鸭苗的品种及价格、饲料费用、药费、燃料费用、鸭舍等建材费用等支出成本和产品销售渠道和价格收入等进行预测，核算、估测利润情况，做到心中有数。

一、鸭场的投资概算

1. 投资概算

投资概算可分为固定投资、流动投资、不可预见费用三部分。

（1）固定投资 包括建筑工程的一切费用（设计费用、建筑费用、改造费用等）、购置设备发生的一切费用（设备费、运输费、安装费等）。在鸭场占地面积、鸭舍及附属建筑种类和面积、鸭的饲养管理和环境调控设备以及饲料、运输、供水、供暖、粪污处理利用设备的选型配套确定之后，可根据当地的土地、土建和设备价格，估算固定资产投资额。

（2）流动资金 包括饲料、药品、水、电、燃料、人工费等各种费用，并按生产周期计算铺底流动资金（产品产出前）。根据鸭场规模、鸭雏的购置、人员组成及工资定额、饲料和能源及价格，估算流动资金额。

（3）不可预见费用 主要考虑建筑材料、生产原料的涨价。

2. 鸭场总投资

蛋鸭场的总投资费用主要包括：鸭场建筑投资、笼具购置费、风机、采暖、光照、饲料加工等设备购置费、土地租赁费、新母鸭培育费（包括雏鸭购置费，培育的饲料费、医药费、人工费、采暖费、照明费等）。

3. 投资利润率

投资利润率＝年利润/投资总额×100%

投资回收期＝投资总额/平均年收入

投资收益率＝（收入－经营费－税金）/总投资×100%

二、鸭场效益预测

按照调查和估算的土建、设备投资以及引种费、饲料费、医药费、工资、管理费、其他生产开支、税金和固定资产折旧费，估算出生产成本，并按本场产品销售量和售价，进行预期效益核算。

鸭场可预期效益的计算：

蛋鸭场可预期效益＝鸭场总收入－总成本

蛋鸭场的总收入主要包括出售鲜蛋收入、出售淘汰鸭收入、鸭粪收入等。

蛋鸭场的总成本主要包括鸭舍和设备折旧费、年土地租赁费、新母鸭培育费（包括雏鸭购置费，培育的饲料费、医药费、人工费、采暖费、照明费等）、母鸭产蛋期间饲料费用、人工费、电费、水费等。

第三节　提高经济效益的方法

一、规范饲养，确保产品质量

生态养殖场地的空气、水质、土壤等环境符合相应的要求，饲养过程中严格控制药物和添加剂使用，确保鸭肉、鸭蛋产品的风味和质量。

二、科学饲喂，精心管理，降低成本

所选品种既要能适应林地、果园的粗放饲养环境，又要把鸭的生产性能、饲料转化率等指标和当地的消费习惯、市场价格等因素综合考虑，确定最佳的放养鸭种。

饲料占养鸭成本 70% 左右，决定养鸭效益。林地放养要尽可能多地利用野生饲料资源，结合诱虫、人工育虫、养殖蝇蛆、蚯蚓，增加动物蛋白的供给，利用林地、果园种植优质牧草等都可减少补喂饲料的数量。

精心摸索补饲方法、补饲量，注重饲喂量和体重、蛋重的比例关系，减少饲料浪费，以获得较高的养殖效益。

三、严格执行卫生防疫制度，预防疾病

树立预防为主的观念，科学确定疫苗接种程序，搞好环境消毒，采取一切措施预防疾病，防止传染病的爆发。

四、饲养过程中做好记录，及时总结经验

整个养鸭的过程较长且烦琐，再好的记忆力也不容易把各种生产过程及数据都能准确地回想起来。所以要养成把养鸭过程的各项

数据及时、准确地记录下来的习惯，以便一个饲养周期结束后对生产中的饲养管理过程、各项生产指标、收支情况作分析，及时总结经验，进一步提高饲养管理水平。

记录要及时、精确，尽量简化，以便于分析。主要记录内容包括资产如一些房舍、设备及用具等固定资产、流动资金及变化、库存物资如饲料、兽药等情况；生产记录如饲养的品种、数量、进雏日期、生长发育、体重变化、死淘率、饲料消耗等；资金的变化情况包括购买饲料或原材料、鸭苗、药品、燃料、工人工资、水电等支出费用及出售各种产品如鸭只、鸭蛋、淘汰鸭的收入等；疾病防治记录如免疫程序、发病及预防、治疗等情况。

第四节　搞好鸭肉及副产品加工利用

一、鸭的屠宰及鸭肉加工

肉鸭屠宰一般多采用手工屠宰。手工屠宰鸭的加工程序是候宰、送宰、屠宰、浸烫、脱毛、开腔扒内脏、贮藏、出售或深加工。

1. 屠宰前的饲养管理

合理的宰前饲养管理不仅能保证屠宰工作顺利进行、降低病死率、减少亏损，而且是获得优质产品、提高产品合格率的重要措施。具体应做好以下几方面的工作。

（1）宰前休息　活鸭在运达后至宰杀前，必须休息一段时间以消除疲劳，使生理机能和血液循环逐步恢复正常，有利于屠宰时充分放血，保证肉品质量。一般需要休息 12～24 小时为宜。待宰圈或场地应防热、防晒、防冻，保持空气流通和环境安静；在管理中应避免恐吓、抽打，防止鸭剧烈运动、滑跌、挤压，保证鸭只休息，提高胴体品质。

（2）停食　宰杀前要停食 12～14 小时，以促进粪便排出，减少胃肠内容物，使于屠宰后解体去肠胃操作，而且降低胃肠破损机会，减少污染。停食期间，必须给鸭充足的饮水，防止因抢饮水而引起挤压。但在宰前 3 小时左右要停止饮水，防止肠胃内含水过多，宰杀时流出造成污染。

（3）清洗　鸭在宰杀前要进行清洗，以除去鸭体污物污垢，保证宰后的胴体清洁。在进宰杀间的通道上设置数排淋浴喷头，鸭经过时完成淋浴；也可在通道上设置浅水池，鸭通过时达到清洗的目的。

2. 屠宰工艺

（1）宰杀放血　宰杀放血是把活鸭杀死，采集鸭血产品的过程。沥血能使鸭体内血液流出体外，使心脏停止跳动致死，沥血的程度直接影响到胴体及内脏的品质。如沥血干净，鸭胴体内无淤血，表面无淤血点，白净、外观美，肉的品质好，有利于市场销售。

常用的有如下三种方法：

① 颈部宰杀沥血法　是我国传统的宰杀方法，应用比较普遍。操作人员将活鸭倒挂在屠宰架上，把鸭绑定好，一只手握住头后颈部，另一只手用快刀将鸭颈部两侧血管和气管割断（有的还割断食道），让血从割断的静脉血管中流出，沥血 2～3 分钟死亡。这种方法操作简单，易于拉出内脏，但缺点是杀口暴露在外，微生物易侵入，也有损胴体的外观；食管被切断，胃内容物易流出，污染血液。

② 口腔宰杀沥血法　又称舌根静脉放血法。操作人员将倒挂在屠宰架上的活鸭绑定好，用双手将鸭嘴掰开，另一人用剪刀将舌根两侧静脉剪断，使血流出，一般沥血时间为 3～4 分钟。此法鸭颈部完整美观，没有刀口，不易污染，但操作难度大，不易掌握，一般不常用。

③ 颈静脉宰杀沥血法　操作人员将倒挂在屠宰架上的活鸭绑定好，两手配合摸准两侧静脉，用一只手固定住，并使静脉隆起，用另一只手将较粗的空心针头插入两侧静脉内，使血液从空心针头流出，沥血 4 分钟左右死亡。此法沥血干净，皮肤完整美观，内脏干净无淤血。

（2）浸烫脱羽　鸭体用热水浸烫沥血后，脱去周身羽毛。将适度、适量的热水放在较大的容器里，把沥血后的鸭体放入热水中，一般水温为60～65℃，浸泡0.5～1分钟并翻动数次，使鸭热水浸透至羽绒，拿出来趁热用手或机械把鸭周身的羽绒拔下来，拔羽时应顺着羽绒拔取，防止扯破皮肤，然后再人工拔净体表的细毛及毛茬，用温水冲洗数次，洗净皮肤表面血迹、油脂及皮膜等。

浸烫时应注意要待鸭呼吸完全停止，死透后才能开始浸烫，否则会使皮肤发红，造成次品；要在鸭体温没有散失的情况下浸烫，否则鸭体冷却，毛孔收缩，影响煺毛；掌握好浸烫的水温和时间。一般水温控制在60～65℃，肉用品种要比绒用品种所需水温低，日龄短的要比日龄长的鸭需用水温低，冬季气温低要比其他季节需用水温高。要严防水温过高烫熟皮肤，也要防水温过低拔羽不干净，影响胴体质量。

（3）脱毛　脱毛有手工与机械脱毛两种方法。手工去毛要根据羽毛的性能、特点和分布的位置依序进行。首先要拔除翅上的羽毛，背毛可推脱，胸脯毛松软，弹性大，可用手抓除；尾部的要用手指拔除；颈部比较松软，容易破皮，要用手握住颈，略带转动，逆毛倒搓。机械去毛是用电动机带动滚筒上的若干橡皮刺，使两面相对的橡皮刺急速旋转，当经过浸烫的鸭通过中间空隙的时候，就与鸭体羽毛紧密接触，互相摩擦。在不损坏皮肤的情况下，在几秒钟内就能把羽毛顺利地去掉。

脱毛后，除去鸭的脚皮和嘴，保持鸭体全身洁白干净。

（4）开膛取内脏　开膛前须先除粪污，即将鸭体腹朝上，两掌托住背部，以两指用力接捺鸭的下腹部向下推挤，即可将鸭粪从肛门排出体外。接着洗淤血，细毛拔净后，即浸入另一清水缸（桶或池）内洗去喙血。根据鸭的几种不同宰杀方法，一手握住头颈，另一手的中指用力将口腔、喉部或耳侧部的淤血挤出，再抓住鸭的头在水中上、下、左、右摆动，把血污洗净，同时顺势把鸭的嘴壳和舌衣拉出。

开膛取内脏是分离胴体与内脏产品的过程，即将屠体体腔中的内脏去除，剩下净膛的白条鸭的过程。摘取内脏所采用的方法应依据产品用途及销售的要求而定，但不论采用何种方法，均应保持产品的完整无损，严防损伤内脏。

① 开膛　可采用腋下开膛和腹部开膛两种方法。

a. 腋下开膛：从左下肋窝处切开长约 3 厘米的切口，再顺翅割开一个月牙形的口，总长度为六七厘米即可。

b. 腹下开膛：用刀或剪刀从肛门正中外稍微切开，刀口一般长 3 厘米左右，便于食指和中指一并伸入拉肠。还有一部分鸭，按照加工鸭制品的要求，切开时刀口长一些，从肛门至胸骨尾端处沿正中剖开 5～6 厘米，除大拇指外，可以伸入四个手指取出内脏。

② 拉肠　鸭在开膛后，拉肠或取出内脏有几种不同要求，一般常有全净膛、半净膛和不净膛三种。

a. 全净膛：除肺、肾外将鸭的其余内脏全部拉出。翼下开膛的鸭，都是全净膛。一般是先将鸭体腹部翻转向上，右手控制鸭体，左手压住小腹，以小指、无名指、中指用力向上推挤，使内脏脱离尾部的油脂，便于取内脏，随即左手控制鸭体，右手中指和食指从翼下刀口处伸入，先用食指插入胸膛，抠住心脏拉出，接着用两指圈牢食管，同时将与肌胃周围相连的筋腱和薄膜划开，轻轻拉，把内脏全部取出。对腹下开膛的鸭，一般是以右手的四个指头侧着伸入刀口，触到鸭的心脏，同时向上一转，把周围的薄膜划开，再手掌向上，四指抓牢心脏，把内脏全部拉出。

b. 半净膛：从肛门处拉肠子和胆囊，其他内脏仍留在鸭体内。一般使鸭体仰卧，用左手控制鸭，以右手的食指和中指从肛门刀口处一并伸入腹腔。夹住肠壁与胆囊连接处的下端再向左弯转，抠牢肠管，将肠子连同胆囊一起拉出。

手指伸入腹腔后，要先将胆囊从肝脏连接处拉开，连同肠子一起拉出，注意拉肠时要防止拉断肠管和胆囊破裂，如因操作不慎拉断了肠管，要立即用清水冲洗干净，不致肠管胆汁留在腹内，以免污染鸭体，影响肉品质量。开膛后的鸭体，在腹腔内仍可能遗留残余的血污，要继续用清水冲洗，使鸭体内部保持干净，然后将鸭体中的积水沥尽，再用干净的毛巾擦拭，使不留血污。

c. 不净膛：烫毛后的鸭不作任何处理。全部脏器都保留在体腔内。

（5）体腔及内脏的检验　在鸭屠宰后还要进行体表检查和内脏检查。体表检查主要看表皮上有无水肿、气肿、创伤、肿瘤、出血点以及皮肤的色泽、硬度、弹性等。

白条鸭的体腔和内脏的检验，以腹腔半净膛检验为主，拉肠后用开膛器由肛门插入体腔内，必要时可借助灯光，逐只检查体腔、肝、脾、卵巢、睾丸、体腔内膜、肾和胃肠等有无病理变化，有无寄生虫等。

（6）产品整理　将取出内脏的白条鸭放入清水中浸泡 20 分钟，洗净体内外的残血和残余内脏，沥干水分，再根据加工目的分别进行整理。副产物如内脏、血和羽毛等应按产品的用途分类收集整理。

3. 鸭肉分割步骤

（1）从趾关节取下左爪，取下右爪。

（2）从下颌后颈椎处平直斩下鸭头，带舌。

（3）从第十五颈椎间斩下颈部，去掉皮下的食管、气管及淋巴。

（4）沿胸骨脊左侧由后向前平移开膛，摘下全部内脏，用干净毛巾擦去腹水、血污。

（5）沿脊椎骨的左侧（从颈部直到尾部）将鸭体分为两半。

（6）从胸骨端剑状软骨至髋关节前缘的连线将左右分开，然后分成四块即 1 号胸肉；2 号胸肉；3 号腿肉；4 号腿肉。

4. 鸭肉贮藏

鸭肉贮藏保存的方法主要是鸭肉的冷加工，利用人工制冷的方法使净膛后的鸭体（或分割鸭肉）降温并使其在一定的低温下贮藏。鸭肉的冷加工一般包括冷却、冻结、冷藏三个过程。

（1）冷却　鸭肉分级包装后，要放入冷却间冷却。冷却间的温度保持在 0～4℃，相对湿度为 80%～85%。冷却几小时，使鸭产品内部温度降至 0℃。

（2）冻结 鸭肉的冻结是指将鸭肉的中心温度降低到－15℃以下，使肉中的水分全部或部分结冰的过程。一般速冻间的温度在－25℃以下。

（3）冻藏 冻结后的鸭产品，如需较长时间保存，应及时送入冷藏库内保存。冻鸭的安全贮存期，鸭肉在零下 6℃可贮藏 2.5 个月，零下 8℃为 3.5 个月，零下 10℃为 4 个月，零下 12℃为 5 个月，零下 15℃为 7 个月，零下 18℃为 10 个月。

二、搞好鸭产品加工

重视鸭产品的加工利用。除白条鸭、分割鸭外，加工制成烤鸭、板鸭、盐水鸭等，还可加工成鸭肉丸、鸭肉堡、鸭火腿、鸭肉干、鸭肉棒等调理、休闲食品。商品鸭蛋除直接供应市场外，可加工成松花蛋、咸蛋、糟蛋、灰蛋等，鸭蛋的脂肪和蛋白质等干物质总量比鸡蛋高 4％，可将鲜蛋加工成蛋粉，作为营养方便食品。羽绒是高级防寒保暖材料，应通过合理采集羽绒提高羽绒产量、质量。鸭血经加工可制成血豆腐或血肠供应市场，也可经过晾干或烘干制成血粉，供加工畜禽饲料使用。

参 考 文 献

[1] 王清义，汪植三，王占彬. 中国现代畜牧业生态学. 北京：中国农业出版社，2008.

[2] 颜培实，李如治. 家畜环境卫生学. 第 4 版. 北京：高等教育出版社，2011.

[3] 刘继军，贾继全. 畜牧场规划设计. 北京：中国农业出版社，2008.

[4] 国家林业局发展规划与资金管理司. 林地立体开发实务指南. 北京：中国林业出版社. 2012.

[5] 张彦明. 兽医公共卫生学. 北京：中国农业出版社，2003.

[6] 高世明，郭凤英，张雪平. 林下高效养殖种植生态模式实例. 北京：中国农业出版社，2008.

[7] 何宗均. 畜禽粪便变废为宝. 天津：天津科技翻译出版公司，2010.

[8] 蒋树威. 生态畜牧业的理论与实践. 北京：中国农业出版社，1995.

[9] 陈士瑜. 食用菌生产大全. 北京：中国农业出版社，1997.

[10] 农业部农民科技教育培训中心，中央农业广播电视学校，中央人民广播电台组编. 农业实用新技术大全：2007 年致富早班车广播节目精选. 北京：中国农业出版社，2008.

[11] 刘月琴，张英杰. 家禽饲料手册. 北京：中国农业大学出版社，2007.

[12] 张鹤平. 林地生态养鸭实用技术. 北京：化学工业出版社，2012.

[13] 李慧芳. 养鸭致富综合配套新技术. 北京：中国农业出版社，2010.

[14] 金千瑜，禹盛苗. 稻鸭共育生态种养技术. 杭州：浙江科学技术出版社，2007.

化学工业出版社同类优秀图书推荐

ISBN	书名	定价(元)
19818	无公害畜禽产品安全生产技术丛书——无公害鸭蛋安全生产技术	29
19118	无公害畜禽产品安全生产技术丛书——无公害鸭肉安全生产技术	29
18725	新编鸭场疾病控制技术(第二版)	29.8
16416	规模化养殖场兽医手册系列——规模化鸭场兽医手册	28
15812	农村书屋系列——肉用野鸭高效养殖技术一本通	18
15136	大棚高效养殖肉鸭实用技术	20
13790	畜禽安全高效生产技术丛书——肉鸭安全高效生产技术	25
13861	畜禽安全高效生产技术丛书——蛋鸭安全高效生产技术	25
13797	畜禽养殖科学安全用药指南丛书——鸭鹅科学安全用药指南	22
13453	林地生态养殖系列——林地生态养鸭实用技术	22
12984	畜禽疾病速诊快治技术丛书——鸭鹅病速诊快治技术	15
11547	怎样科学办好中小型鸭场	25
11276	家庭养殖致富丛书——家庭肉鸭规模养殖技术	18
9780	专业户健康高效养殖技术丛书——高效养鸭关键技术	20
8820	科学自配畜禽饲料丛书——科学自配鸭饲料	22

邮购地址：北京市东城区青年湖南街 13 号化学工业出版社 (100011)

服务电话：010-64518888/8800（销售中心）

如要出版新著，请与编辑联系。编辑联系方式：010-64519829，E-mail：qiyanp@126.com

如需更多图书信息，请登录 www.cip.com.cn